我们可以平凡，却绝不能平庸
没有平庸的工作，只有平庸的人
把每一件简单的事做好就是不简单
把每一件平凡的事做好就是不平凡

林俊平◎编著

低调不低能
平凡不平庸

吉林出版集团股份有限公司

图书在版编目（CIP）数据

低调不低能　平凡不平庸 / 林俊平编著. —长春：吉林出版集团股份有限公司, 2018.6

ISBN 978-7-5581-5062-3

Ⅰ.①低… Ⅱ.①林… Ⅲ.①人生哲学—通俗读物
Ⅳ.①B821-49

中国版本图书馆CIP数据核字(2018)第100459号

低调不低能　平凡不平庸

编　　著	林俊平	
总 策 划	马泳水	
责任编辑	王　平　史俊南	
封面设计	中易汇海	
开　　本	880mm×1230mm　1/32	
印　　张	10.5	
版　　次	2019年3月第1版	
印　　次	2019年3月第1次印刷	

出　　版	吉林出版集团股份有限公司
电　　话	（总编办）010-63109269
	（发行部）010-67482953
印　　刷	三河市元兴印务有限公司

ISBN 978-7-5581-5062-3　　　　　定　价：42.00元

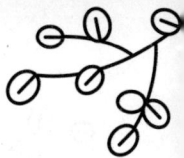

FOREWORD 前言

俗话说："美玉藏于深山，人不知其美，黄金埋于地下，人不知其贵。"一个优秀的人，如果只是深藏不露，而不能表现自己，人们就不能看到他存在的价值。这样下去，即使他有绝世的才华，也渐渐会被埋没。当下是一个讲究张扬自我个性的时代，尤其是身处职场上的人们，做人可以低调，但绝不能低能，在关键时刻恰当地张扬，不失为一个引起别人注意的好方法。

也有一些人出身低微，自身条件不那么好，但他们从低处起步，通过自身的努力成了一个有价值的人。所以，无论你的身世多么不幸，只要你有积极的心态，你就能获得成功。起点低没关系，但起点低绝对不是没志气。不论何时，都要高悬理想的明灯，树立起坚强的精神支柱。当你受到屈辱时，把它吃到嘴里，狠狠地嚼碎，然后吞到肚子里消化掉，化成一股能量，勇敢地向前奔跑！

然而，有很多人心里都有一个误区，认为"平凡"并不好，觉得平凡的人就是碌碌无为的人，每天做着别人不愿意做的事。但是，事实并非如此，那些看似平凡的事情一样可以给我们提供很多成功的机会。

我们中间的大部分人都是平凡的人，每天做的都是一些平淡的"小事"，然而，就是在这些小事当中却隐藏着巨大的机会，使你的思路变得非常的缜密。真正的平凡，是个人价值的发挥对社会产生的贡献。

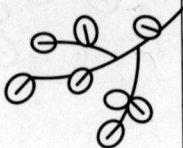

　　而与此相反，真正的平庸，不是指你没有能力，而是说你舍弃了培养能力的机会，放弃了自我发展及融入社会的机会。平庸的人，就像水面上漂浮的泡沫，是被水流击打出来的。平庸的人，是到处挖坑，每个坑都挖得不深的人，深深浅浅的坑他挖了一大堆，但没有哪一个是出水的，浅尝辄止的结果是没有一技傍身，最终在优胜劣汰的环境中被淘汰出局。

　　平凡和平庸虽一字之差，但却有着本质的区别。从个人的角度来看，平凡，是在生活和工作中把自己的能力发挥了出来，是实现了自我价值。人尽其能，对个人而言这叫平凡。平庸，是有能力没发挥，才华尽掩，就像河蚌里拒绝成为珍珠的沙子，自甘埋没，这叫平庸。

　　从平凡到平庸，是一件很容易的事，只要心中懈怠，就滑向了平庸的边缘。毋庸置疑，每个公司都会有很多平凡的工作岗位，也会有很多平凡的员工，因为人的能力是有高低差别的，那些平凡的员工在自己的工作岗位上人尽其才，发挥着自己的才能，所以他们的人生价值是得到了体现的。但也有很多的人甘愿做一个平庸的人，认为那样自己的压力很小，过得会轻松自在。企业需要前一种人，但绝不需要后一种人。

　　从平庸到优秀只有一步之遥，但有的人终其一生也无法跨越。只有当你选择了如何优秀，你才能做到如何卓越。有了尽最大的努力把事情做好的志向，不断对自己提出严格的标准，你就会赢得别人的尊敬，做出令人赞叹的成绩。

CONTENT 目录

第一章 做人要低调，处世要收敛

第二章　从低处起步才能高就

第三章　忍让并非软弱

第四章　身处平凡不做平庸

第五章　思想决定平凡与平庸

第六章　敢于行动的人不会平庸

第七章　从最平凡做出最不平凡的业绩

第一章

做人要低调，处世要收敛

学会看轻自己

看轻自己不是小看自己，更不是自卑，而是做人做事的一种方法和原则。

李明在上大学时所学的专业是投资管理，毕业后很顺利地进了一家投资咨询公司。在应聘这份工作时，公司的老板对他说，虽然公司目前规模不大，但可以给他充分的施展才华的空间和机会。

进公司后，老板果然没有食言，没多久李明就被任命为市场部的副经理，负责拓展客户。这一职务相当具有挑战性，有一定的难度。李明没有胆怯，他年轻有闯劲，再加上丰富的专业知识，逐渐为公司开拓了市场、打开了局面。在一段时间里，李明拓展的客户占公司新增客户总量的一半以上。老板非常高兴，过来过去总要拍拍李明的肩膀，有事没事地还拉上李明去喝酒，外出有什么活动，也会把李明带上。给人的感觉，他和李明的关系超过了老板和员工的关系，似乎是好哥儿们的感觉。因此，公司里的人私下里说，只要公司里有人事变动，李明肯定会升为市场部经理，甚至还有人说，市场部经理算不了什么，对李明来说，公司副总经理的位子也是有可能的。

李明自己也志得意满，跃跃欲试准备大干一番。老板的器重，使他觉得自己对于公司很重要，言下之意，除了老板之外，公司再也无人能与他相比，即便是那个与老板沾亲带故的副总似乎也不值得一提。

没过多久，公司果然出现了人事变动，市场部经理离开了公司，这下子人人都以为李明必是市场部经理无疑，可结果出人意料，老板并没有让李明升任市场部经理，而是花高薪从别的公司市场部挖过一个人来担任市场部经理。这让李明很失望，也非常不满，他不好直接表露自己的想法，便想了一个办法：提出要休假，说以前太累了，想放松一下。这明摆着是在提醒老板，自己对公司来说是很重要的。老板考虑了一会儿，很爽快的同意了。

李明想：自己的努力却得来这样一个结果，自己这一休假，要不了两天公司就得乱套，到那时，老板一定会主动请他回来。

一个月后，李明回到公司，公司一切正常，并没有像他想象中那样。当他去老板办公室销假时，老板仍像以往一样，热情地拍拍他的肩膀笑道："休假过得怎么样？"李明终于明白了，老板的热情不过是一种用人的技巧而已，自己并没有想象中那么重要。

美国有一句谚语是这样说的：天使能够飞翔是因为把自己看得很轻。

赞扬比自己强的人

人人都希望获得荣誉和赞扬，善于成大事的人则会把荣耀与赞扬留给别人，自己承担那些不痛不痒的指责与批评。因此，获得良好的口碑，才能在日后的处世过程中，左右逢源，游刃有余。

林肯在任美国总统期间，遴选内阁成员时，绝不委任唯命是从者，对于那些具有坚强意志难以操纵的人，他委以重任，甚至那些看不起他、曾经反对过他的人，他也尽力罗致。他的陆军总司令史丹顿，是继凯木伦之后最能干的阁员，就常为难他并把发生在贝尔伦地区的灾祸，归咎于他行政上的无能，还有林肯最得力的财政部部长蔡斯，原来是个不喜欢林肯的人，并一度曾公开反对他。不管别人对他怎样，林肯总是将那些能担负重要责任的人兼收并蓄起来，为自己效力，由于林肯知道自己的弱点，所以他选用的人都是能弥补他弱点的人。

一般的凡夫俗子，对个性坚强、难以驾驭的人，不仅不会设法罗致，反而避之不及，生怕他们喧宾夺主，胜过自己，可他们还常常说得不到真正的助手。这句话也许有一部分是对的，可他们实际上并不需要具有真才实干的人。他们从未发现自身存在的不足，总以为世上只有他们能把事情做好。因此，总是自我感觉良好，照这样下去还能成就更大的事业吗？

著名的发明家和制作家马克西姆曾凝练地概括了得人善待的处世准则："人们想从别人身上获得的东西，不外乎两种：一种是颂扬恭维；另一种是善待支持。"

当你选择助手和朋友，以及和他们来往交际，你应该舍得牺牲自己的虚荣心，努力求得在某方面比你强的助手，参照他们的意见去做一些你自己没有把握的事情。只要你肯放下架子，舍弃矜持与虚荣，便能罗致一帮干将为你的事业奋斗。

善解人意和宽恕他人

任何事都有阴阳两面，如果你是个领导，对待自己的下属——赞扬就是"阳"，批评就是"阴"。批评与赞扬都是促进下属认真工作的好方法。而将两者综合起来灵活运用，更能够取到单纯的批评与单纯的称赞所难以达到的效果。

赞扬是对人的鼓励与肯定：可以使人信心百倍，精神焕发。赞扬可以使人有一种受到充分尊重的氛围下把赞扬者的要求变为他的自觉行为。

歌德与席勒曾是好朋友，有一次他们一起到剧院观看预演。两人的性格不同，对待人的方式也不同：歌德喜欢发脾气，动不动就大发雷霆，说话语气全用命令式；而席勒则作风完全相反。此次演出的剧本是席勒的作品，因而两人都满心欢喜。不料一看预演，发现主角仍没把台词背熟，已经到了正式上演的前一天。歌德不禁勃然大怒："你们到底干什么去了，这样怎么能上演！"在歌德的斥责下，主角赶紧拼命背台词，但到了第二天上演，仍然不够流利。第一幕结束后，席勒来到后台，握住对方的手、充满信任地说："演得不错，相当成功，说话语气也很恰当……"听了这些话，那位演员精神倍增，信心完全恢复。在以后的几幕中，台词都流利地背诵了出来，演技也发挥得淋漓尽致，台下掌声雷动。

斥责是禁止一个人做某种事情，并向当事者希望的方向去做。

因为对其怀有某种期待，所以才会在失望中大声斥责。但切不可在大喊大叫中忘记了自己真正的目的。若感情用事地表示失去信心而厌恶对方，则无异于舍本逐末，达不到斥责的目的。所以这种斥责除了发泄情绪之外，没有什么意义，反而会在盛怒之下把一切都搞砸了。

遭人斥责，谁都会感到紧张。过度的紧张会使人做事情畏首畏尾，越发不顺利。一味的斥责，让人无法忍受，这时候会造成两种结果：一种是拼命反抗；另一种是破罐破摔。一旦出现这两种情况，有人会对之产生"抗体"，对你的斥责司空见惯，置若罔闻，到头来让你徒费唇舌。

与其一味的斥责，不如斥责之后再给人以称赞、抚慰，暴露其不足之后再指出希望，留给人以改进的余地。两者交相使用，才会使人心甘情愿地朝着期望的方向去努力。

称赞是正面引导别人朝着所希望的方向去做。大多数情况下，如果能把领导者的要求，转化为对方自身的需要，那么事情就好办多了。然而一味称赞也会带来不良的负面效果。一个总是生活在掌声、恭维与鲜花中的人，也会变得不可理喻，他会自负、高傲、目空一切。

有些人很喜欢指责他人，一旦出现问题，他们首先想到的就是如何将责任推卸给他人。有些人似乎养成了一种不以为然的恶习，他们动不动就批评他人。还有些人，他们本来在某方面做得并不好，却非要拼命去批评别人。这种批评怎会以理服人呢？其结果要么伤害他人，要么被人反驳。其实，尽量去了解别人，尽量设身处地去思考问题，这比批评要有益得多，这样不但不会害人害己，而且还会让人心生同情和仁慈。"了解就是宽恕。"何不运用温柔之术呢？所以，当我们批评他人时，先想想自己："我做得怎样？是否应该完全怪罪他人？"这样你也许会完全改变自己的想法和行为，并与他人保持一种良好的人际关系。

让我们记住，我们所要说服的对象，并不是绝对理性的动物，其心中充满了成见、自负和虚荣的东西。

英国文学史上著名的小说家托马斯·哈代曾因受到苛刻的批评而放弃写作，另一位英国诗人托马斯·查特敦年轻的时候并不圆滑，但后来变得富有外交手腕，善于与人应对，因而成了美国驻法大使。他坦言他的成功秘诀是："我不说别人的坏话，只说人家的好话。"

托马斯·卡莱尔说过："伟人是从对待小人物的行为中显示其伟大的。"

学会宽容和尊重他人

检讨一下自己，是不是也有这种喜欢责备别人的毛病？布置下去一件工作没有做好，我们很可能不是积极地去与下属寻找原因，研究对策，而是指责下属："你怎么搞的？怎么这么笨？"这时，你有没有想过下属会有什么反应？他可能什么也不说，但觉得你不近人情，从而怨恨你。这样，你今后很可能在与他相处时，总感到别扭。

有这样一个幽默故事：

这天丈夫回到家，发现屋里乱七八糟，到处是乱扔的玩具和衣服，厨房里堆满碗碟，桌上都是灰尘……他觉得很奇怪，就问妻子："发生什么事了？"妻子回答："平日你一回到家，就皱着眉头对我说：'一整天你都干什么了'，所以今天我就什么都没做。"指责他人实在不是一种好习惯，会伤害别人也会伤害自己，别人不舒服你也不会舒服。

有一个比较极端的例子，《三国演义》里，张飞闻知关羽被东吴所害，下令军中，限三日内制办白旗白甲，三军挂孝伐吴。次日，帐下两员末将范疆、张达报告张飞，三日内办妥白旗白甲有困难，需宽限几日方可。张飞大怒，让武士将二人绑在树上，各鞭打五十，打得二人鼻口出血。鞭毕，张飞手指二人："到时一定要做完，不然，就杀你二人示众。"范疆、张达受此刑责，心生仇恨，便于当夜趁张飞大醉在床，以短刀刺入张飞腹中。张飞大叫一声就没命了，时年五十五岁。

不过，并非人人都像张飞那样，还有这样一件事情。1863年7月，盖茨堡战役展开。敌方陷入了绝境，林肯下令给米地将军，要他立刻出击敌军。但米地将军迟疑不决，用尽了各种借口，拒绝出击。结果敌军轻易逃跑了。林肯勃然大怒，他坐下来给米地将军写了一封信，表达了他的极端不满。但出乎常人想象的是，这封信林肯并没有寄出去。在他死后，人们才在一堆文件中发现了这封信。也许林肯设身处地地想了米地将军当时为什么没有执行命令，也许他想到了米地将军见到信后可能产生的反应，米地可能会与林肯辩论，也可能会在气愤之下离开军队。木已成舟，把信寄出，除了使自己一时痛快以外，还有什么作用呢？

不要指责他人，并不是说放弃必要的批评。这里的原则是要抱着尊重他人的态度，以对方能够接受的方式来批评。

有一家工厂的老板，这天巡视厂区，看到有几个工人在库房吸烟，而库房是禁止吸烟的。他没有马上怒气冲冲地对工人说："你们难道不识字吗？没有看见禁止吸烟的牌子吗？"而是稍停了一下，掏出自己的烟盒，拿出烟给工人们，并说道："请尝尝我的烟，不过，如果你们能到屋子外去抽的话，我会非常感谢的。"工人们则不好意思地掐灭了手中的烟。

在许多情况下，我们喜欢责备他人，常常是为了表现自己的高明。有时，也有推卸责任的目的。古人讲"但责己，不责人"，就是要我们谦虚一些，严格要求自己一些，这对自己只有好处，绝无坏处。

在你想责备别人时，请马上闭紧自己的嘴，对自己说："看，坏毛病又来了！"这样，你就可以逐渐改掉喜欢责备人的坏习惯。

花要半开，酒要半醉

作为一个人，尤其是作为一个有才华的人，要做到不露锋芒，既能有效地保护自己，又能充分发挥自己的才华，不仅要说服、战胜盲目骄傲自大的病态心理，凡事不要太张狂、太咄咄逼人，要养成谦虚让人的美德。所谓"花要半开，酒要半醉"，凡是鲜花盛开娇艳的时候，不是立即被人采摘而去，也就是衰败的开始。

人生也是这样。当你志得意满时，切不可趾高气扬，目空一切，不可一世，这样你不被别人当靶子打才怪呢！所以，无论你有怎样出众的才智，都一定要谨记：不要把自己看得太了不起，不要把自己看得太重要，不要把自己看成是救国济民的圣人君子，还是收敛起你的锋芒，夹起你的尾巴，掩饰起你的才华吧。

大家读过《三国演义》后可能注意到，刘备死后，诸葛亮好像没有大的作为了，不像刘备在世时那样运筹帷幄，满腹经纶，锋芒毕露了。在刘备这样的明君手下，诸葛亮是不用担心受猜忌的，并且刘备也离不开他。刘备死后，阿斗继位。刘备当着群臣的面说："如果这小子可以辅助，就好好扶助他；如果他不是当君主的材料，你就自立为君算了。"诸葛亮顿时跪拜于地说："臣怎么能不竭尽全力，尽忠贞之节，一直到死而不松懈呢？"说完，叩头流血。刘备再仁义，也不至于把国家让给诸葛亮，他说让诸葛亮为君，怎么知道没有杀他的心思呢？因此，诸葛亮一方面行事谨慎，鞠躬尽瘁，另一方面则常年征战在外，以防授人"挟天子"的把柄。而且他锋芒大有收敛，故意显示自己老而无用，以免祸及自身。这是韬晦之计，收敛锋芒是诸葛亮的大聪明。

你不露锋芒，可能永远得不到重任；你锋芒太露却又易招人陷害。虽容易取得暂时成功，却为自己掘好了坟墓。当你施展自己的才华时，也就埋下了危机的种子：所以，才华显露要适可而止。

要留一点余地让别人走

让人一步不等于低人一等，反而显得自己的品格更加高尚，形象更加完美。

李刚的表哥第一次从国外归来，李刚开车去机场接他。一路上，李刚热情地和表哥聊家常，可表哥的态度却很冷淡，时不时地哼哈应付两句，从不主动说话，李刚感到这样很无聊，也不再说话了，继续前行。

车子进了市区后，路上的行人和车辆多了起来。李刚驾着车不断地按喇叭在车水马龙中穿梭着，表哥不停地看他并不时地皱皱眉头，但是没说什么，李刚也没在意，继续开车。

这时前面有一个妇女正领着一个小孩准备过马路，李刚并没减速，而是猛地一加油门，从她们面前冲了过去。

表哥对李刚说："让她先过嘛，一个女人领个孩子，路又这么窄，万一剐上怎么办呢！"李刚听完一想，表哥的话的确有道理，脸上不觉有些发热，尽管表哥没再说什么，但心里多少有些不是滋味。

这时，表哥转过脸对李刚说："后面有个鸣笛的'120'，咱们先靠到边上去，让它先走。"原来表哥早就注意到后面这辆鸣笛的"120"了，李刚也没说话，向外一打轮让过救护车，透过"120"的车窗，李刚隐约看到一个医护人员一手举着吊瓶，心里多少有些不好意思。

表哥看了看他说："这附近有没有停车场？咱哥儿俩下车抽根烟，聊会儿天。"李刚不知他什么意思，正好前面的小广场有个停车场，李刚慢慢地把车开到了停车处。

表哥掏出一盒烟，递给李刚一支，自己也点上一支，他摇下车窗向外吐了口烟，拍拍李刚的肩头说："老弟，驾龄几年了？"

"没多久，六年。"

"还可以，车技不错。"

李刚呵呵一笑："还凑合。"

二人抽着烟，不着边际地聊着，表哥跟李刚讲他在国外的生活，然后又谈起这个城市的美丽。慢慢谈到了这个城市的交通，李刚说："路窄人多，常有交通事故呢。地方小，没办法。"而表哥却说："城小道窄，倒别有小家碧玉的风情。不过，路窄人心宽，这是我们那里的一句老话。"

"路窄人心宽？"李刚颇有所悟！

表哥接着说："不是吗？急促地按喇叭，飞快地超车，有时并不是为了赶时间，只是图个潇洒。如果放慢速度，不仅安全，还可以欣赏沿途风景，岂不是一举两得。开车也是一种文明和礼节。这么美丽的城市，如果没有了噪声、谩骂、交通事故……岂不更美？"

的确，路窄人心宽！

在处世场中要注意收敛

嫉贤妒才，几乎是人的本性；愿意别人比自己强的人并不多。所以有才能的人会遭受更多的不幸和磨难，木秀于林，风必摧之。

曹植锋芒毕露，终招祸殃，他的文章名满天下，却给他带来了灾祸，这难道是他的初衷吗？他只是不知道收敛罢了。

孔颖达，字仲达，8岁上学，每天背诵一千多字。长大后，很会写文章，也通晓天文历法。隋朝大业初年，举明高第，授博士。隋炀帝曾召天下儒官，集合在洛阳，令朝中学士与他们讨论儒学。颖达年纪最少，道理说得最出色。那些年纪大声望高的儒者认为颖达超过了他们，是他们的耻辱，便暗中刺杀他。颖达躲在杨志盛家里才逃过这场灾难。到唐太宗即位，颖达多次上谏忠言，因此得到了国子司业的职位，又拜酒之职。太宗来到太学视察，命颖达讲经。太宗认为他讲得好，下诏表彰他。但后来他便辞官回家了。

隋代薛道衡，6岁就成了孤儿，特别好学。13岁时能讲《左氏春秋传》。隋高祖时，作内史侍郎。隋炀帝时任潘州刺史。大业五年被召还京，奏上《高祖颂》。隋炀帝看了不高兴地说："这只是文辞漂亮。"拜司隶大夫。隋炀帝自认文才高而傲视天下之士，不想让他们超过自己。于是隋炀帝便下令将薛道衡绞死了。天下人都认为薛道衡死得冤枉。但他不也是因太锋芒毕露而遭祸的吗？

春秋战国之际，卫国有一个大臣叫弥子瑕，很得卫灵公的宠爱。所以他从不把清规戒律放在眼里。卫国规定，私自偷乘国君专车的人要受到惩罚。一天夜里，弥子瑕突然得到禀报，说他母亲得了急病，一着急，就驾上卫灵公的车疾驰回家了。又有一次，他与卫灵公游御花园，走过一片桃林的时候，见到树上结满了又大又的红桃子，就摘了一个尝鲜，咬了几口后，说桃子好吃，就把剩下的桃子给卫灵公吃。朝廷中有人认为他置君臣体统于不顾，但卫灵公却说，弥子瑕是个忠臣，连一个桃子好吃这样的小事也首先想到君王。不久，弥子瑕终于在众人侧目的情况下失势。被卫灵公骂做不诚不敬的叛臣。

在处世场中，为了更好地保护自己，收敛与谨慎是十分重要的。因为傲气，流言便会满天飞，若稍有不慎，必将惹下大祸。在名利场中，要防止盛极而衰的奇灾大祸，必须牢记"持盈履满，君子兢兢"的教诫。"欹器以满覆，扑满以空全"，这是世人常用的一句自警语。欹器是古人装水的一种巧器，呈漏斗状，水装了一半它很稳当，但装满了，它就会倾倒。扑满是盛钱的陶罐，它只有空空如也，才能避免为取其钱而被打破的命运。中国人的传统观念是：居官要时时自惕！时时处处谨慎，切勿不留余地，越是处在权势之中，享富贵之极，更应收敛锋芒，以保退路。

对此，曾国藩就最为精明，所以他是"以出世的精神，干入世的事业"，不把功名放在心上，成为中国近代少有的"内圣外王"的典范。他反复嘱咐儿子曾纪泽要谨慎行事，甚至于大门外不可挂相府、侯府这样炫耀的匾额。很多位居高官的人或者尸位素餐，或者请求致仕，主要就是收敛锋芒，以免成为众矢之的啊！所以古人说："露才是士君子大病痛，尤莫甚于饰才。露者，不藏其所有也。饰者，虚剽其所无也。"

不要刻意地为名声而做人

人的一生由许许多多偶然和必然的事件组合而成，有时一次偶然的事件使某个人变成了大人物，有时一次偶然的事件使某个人变成了小人物。在常人看来，大人物总是和大事件联系在一起，小人物总是和小事件联系在一起。有的人一辈子也不会做成一件大事。但是，无论大人物还是小人物，都会和一件又一件必然性的小事发生关系。因此，小事情是人一生中最基本的内容。

大事情是可遇不可求的，小事情却每天都在发生。顺利、妥帖而又快乐地去处理一件小事情是容易的，但每天都能顺利、妥帖而又快乐地去处理小事情却是十分困难的。如果一辈子都无怨无悔地，谨慎小心地，愉悦欢快地去处理一件又一件的小事情，那大概要比做一件大事情还要难。

大事能检验一个人的智慧、才能和品格，小事也一样能。如果每一件小事都做得漂亮、舒心，那你也能得到极大的快乐和对自我的肯定。一个人心甘情愿做小事，与大彻大悟地去做小事的人，与无觉悟、无了解做小事的人截然不同。有做大事的才能、学问、修养，却甘心做小事，自然与那些本来只能做小事，而终身被小事纠缠的人，也不能同日而语。

就社会的职业来说，企业的老板，机关的领导要有人做，而扛枪站岗是战士的职责，当农民就应尽到做农民的职责，做工人、做商人，就应尽到做工人、做商人的职责，这对国家、对社会的价值，与做老板做领导各尽其责，是等量齐观的。

庄子说："天下没有以秋毫之末为大，以泰山为小的，也没有以殇子为长寿，以彭祖为短命的。因其所大而大的，万物就不会不大，因其所小而小的，万物就不会不小。"大小在自我的本体上，而不在他人的观念上，也不在名与不名，知与不知上。

做人只是做人，千万不要为名声而做人，不要为了求人知道而做人。培根说："虚荣的人为智者所轻蔑，愚者所叹服，阿谀者所崇拜，而为自己的虚荣所奴役。"老子说："知道我的人不多，就显示了我的尊贵。"知道我的人多，作为我，也就过于平庸浅薄了，所以容易被人所知。知道我的人少，作为我，也就高深莫测，别人难以了解，所以尊贵。而且世人大多数是近视鄙见，这样的名与知，誉与毁，又怎么能增加与减损我本质上的大小呢？

在第二次世界大战中，丘吉尔因为有卓越功勋，战后在他退位时，英国国会打算通过提案，塑造一尊他的铜像放在公园里供游人景仰。一般人享此殊荣，高兴还来不及，丘吉尔却一口拒绝了。他说："多谢大家的好意，我怕鸟儿在我的铜像上拉粪，那是多么的有煞风景啊。所以我看还是免了吧！"伟大的人物、不朽的功勋只有经过历史检验才记得住。建造塑像不见得会使你的形象更加伟大，不见得会使你的名声更加响亮。可是，只要自己对人类、对国家、对民族有贡献，就是不得名、不得利，也不能增减丝毫的贡献。黄金、美玉埋在土中，人们知道它是金玉它就是金玉，人们不知道它是金玉它还是金玉，人为地抬高它的价值或贬低它的价值，对金玉本身也不能增减丝毫。"黄钟毁弃，瓦釜雷鸣"，我国封建时代许多皇帝是"瓦釜"，"黄钟大吕"难有成就。

孔子是春秋时一流的人物，却难以在祖国立身，只得周游列国，而列国也不肯任用他，使得孔子一身的才华无处施展。岂不知，在当时才华被埋没像孔子这样的人社会上不知道有多少。所以说人类历史上真正伟大的人才，经常被埋没在无声无息、无名无知的普通人群之中，没有得到合理的任用。可是在当时，人们做人的要旨，就是宁做毁弃的黄钟，也不做雷鸣的瓦釜。天玄子说："安小处卑，就不会遭到怨恨；好大争高，往往招惹是非；争名夺利，容易丧失自身；守住雌柔，令人尊敬。"这几句话可以作为精妙的"处世四诀"，做人要安心于做小事，自安于卑下的地位。能自安于做小事，处下位的人，他为人处世就无嫉妒、无强求，也就无怨恨、无过失了。我们要乐于做小事、处下位，并不是要求不长进，而是要在小事中做出大事来，在下位中做出高明来。

在忙碌与奔劳的生活中，我们要能了解自己是在"为工作、为事业"而忙，还是在"为名声、为利欲"而忙？有人忙来忙去，只是为了名利。有人所忙的是除了为生活之外，还能充分发挥自己的天赋，对社会大众有所贡献。目的不同，心情也就不同。前者烦热，后者清凉。雪莱说："品格可能在重大的时刻中表现出来，但它却是在无关紧要的时刻形成的。"

要尽量装得糊涂一点

人应该学会聪明，学会生存之道。但是大智若愚，表面上糊涂的人，虽不计一时的得失却能聪明一世，明哲保身。这是一种人生的境界，在半醉半醒之间始终立于不败之地。

清代的郑板桥在自己奋斗一生即将离开人世之时，留下了"难得糊涂"这一名训。是不无道理的。仔细品味，它竟适合于人性丛林中的某些领域。

糊涂与清醒是相对应的。清醒意味着理智与理性，人要想在理性丛林中行走必须保持着清醒的头脑，这样才不至于决策失误，才能更好地实现自己的目标，去和别人竞争，去战胜别人，从而实现自己的利益。那么这样说"糊涂"自然无它的领地了？不，有，尽管很少，所以才难得。

在与上级相处的领域里，糊涂总比聪明好。萧何便是很好的例子。当年与刘邦共打天下的各位有功之臣，都非平庸之辈，而最后皆被刘邦和吕氏疏远和加害，唯有萧何能安度晚年，为何？他从来对一些大事持漠不关心的态度，这样刘、吕便放松了对他的注意，从而聪明地保全了自己。

上级毕竟有他的权力，一旦你表现的才智超过他，他便有一种不安全的感觉，他不会让你长期这样下去的，可以说这是人性的必然，如果你是位聪明的人，你就更应该注意保护自己，不要处处张扬你的聪明和才智，要尽量装得糊涂一点，装得不如你的上司，让他获得一种优越感，让他陶醉于他的成就之中，而你则小事糊涂一点，大事注意一点就行了。这样的糊涂，并非显示出了你的无知。只要能保全自己，还是应该这样做的。

不要被虚荣迷住心窍

古希腊有这样的传说：一名叫赫洛斯特拉特的牧羊人，为了要出名，竟放火烧毁了阿泰密斯神庙。这就是所谓的"赫洛斯特拉特的荣誉"，就是常说的虚荣。

其实，每个人有一点儿虚荣心，这很正常。因为虚荣心与人的自尊心有关，但一个人的自尊心若是过分、过强，或是走向极端，就很容易变成虚荣心，虚荣心给人带来的只有伤害。

兰一直梦想有一条金项链。那时候兰刚刚大学毕业，分配在一家工厂工作，工资不高。男友海是她大学里的同班同学，毕业后在一所学校里做教师，工资也不高。两人省吃俭用，才能保证日常的温饱开销。拥有金项链的梦想，兰只有一直埋藏在心里。

那天晚上，兰过生日。海拿出一条金项链，是她非常喜欢的那种款式。在摇晃的烛光中，金光闪闪。海亲手给兰戴上，温情地说："送给你的，祝你生日快乐，喜欢吗？"

兰忘乎所以，一下子红光满面，抱住海的头，在他的脸上不停地亲吻。

"这项链值多少钱？"

海说："不贵，才50块。"

兰一下子没了劲："假的，叫我怎么戴出去？我不要！"她摘下项链，随手扔到一边去……

几个月后，兰和一位大款订婚了，大款给她送来了金项链、

金戒指、金耳环、金手镯，都是最好的。兰便有了一种从未有过的满足感。理所当然，她与大款结婚了；海送给她的那根金项链她早已不知扔到哪里去了。

几年后，大款另觅了新欢，又开始送金项链给别的女人，兰与大款只好离婚。兰整理她的衣物时，在一只衣箱的角落里，无意中看见了海当初送她的那条金项链，依旧崭新，依旧闪闪发光。

兰捧着金项链，看了许久，忍不住给海打了一个电话。电话通了，那头传来已为人父的海的声音："你问那条金项链是吗？那条金项链原本是真金的，是我向别人借了一千块钱加上我当时所有的积蓄才买下来的。"

兰这时开始后悔当初不该对海说"不"，后悔之余却不知自己错在哪里？

兰是吃了爱慕虚荣的亏，她总想去摘自己不应得的甜果。而最后事与愿违，得到的是苦果，并辜负了海的一片真心。

托马斯·肯比斯说："一个真正伟大的人是从不关注他的名誉高度的。"

当你视荣誉为虚无的时候，你的荣誉是实在的；当你唯名利是图，视荣誉为至宝的时候，你的荣誉是虚无的。你没有荣誉时追求虚荣，虚荣可以助你，成为你生命中的动力；你为了私欲而贪图虚荣，虚荣可以害你，成为你生命中的累赘。

放弃是一种量力而行的睿智

　　放弃对于每一个创业者来说都是件痛苦不堪的事情。然而，在适当的时候放弃是一种聪明。因为，适时的放弃能让你腾出精力去做更有意义的事情，能让你避免浪费有限的资源而集中力量去做最重要的事，这样往往更容易成功。

　　放弃令人痛苦不堪即表现在它犹如割肉般的痛苦，还表现在难以把握放弃的时间，掌握这个度是非常困难的。当你确认现有的资金无法让你支撑到新的资金注入时，应该果断地放弃。如果你一定要坚持到弹尽粮绝，那麻烦就会更大，千万别去赌天上会掉下馅饼来。当市场发生重大变化使你的核心竞争力大大降低，而你又无法拿出应对措施时就应该放弃，别让自己死得太惨，如果那样，也许你连东山再起的机会都没有了。

　　成功的创业者的事迹大家看过不少，看看他们的创业历程，很少有人是在最初的项目上一次成功的，基本上都经历了许多次坎坎坷坷，进行了多次的业务转型。这是因为实际情况总是跟创业者初创时的主观意愿存在着一定的距离，需要不断调整和转变，而每一次的调整和转变都意味着一次放弃，直到最终转变到市场机遇与企业资源相吻合的状态。但随着市场的变化，他们还会转变，还会放弃，转变不断，放弃不断。这或许就是做生意的基本法则。所以，放弃不等于失败，可以转化为另一种成功。

　　许多创业者都曾盲目地坚信"胜利往往就来自于再坚持一下

的努力之中"，尽管把企业成本一压再压，甚至连个人的生活也被降到不能再低，但最后还是被迫放弃。

这种行为实在是幼稚和无知。说幼稚是指违背了"生意不是赌博"这个基本原则，明知无望还赌能出现奇迹；说无知是指不完全理解创业的真实目的所在。其实，创业是为了获得"第一桶金"，而这第一桶金出自哪个项目并不重要。商场上的机会比比皆是，只要你有心，放弃一个机会肯定还会找到另一个机会。非你不娶、非我不嫁的理念属于爱情，不属于生意。

放弃并不等于抛弃，只要不是在伤痕累累、弹尽粮绝时放弃，你完全还有可能东山再起，你还可能以另一种方式重新开始。放弃不过是你把拳头收回来，准备再一次出击而已。

放弃是一种量力而行的睿智，也是一种顾全大局的果敢。面对全军覆没的危险，有胆略的军事家会说：三十六计，走为上。面对将要破产倒闭的厄运，有眼光的企业家会说：留得青山在，总有一天会卷土重来的。大兵压境时，毛泽东毅然放弃延安。落水的财主因舍不得腰间沉甸甸的铜钱而最终葬身鱼腹。

那么你呢？会选择放弃吗？

切莫为虚名所累

虚名犹如一股阴暗的浮云，会使人们的心中产生灰色的阴影，让原本踏实的人变得浮躁，原本进取的人变得懈怠，原本洒脱的人变得牵绊。的确，负累与轻松、沉重与潇洒，常常是源自于一个人是否图于虚名之中。很累的人，是因为有外物的牵绊，自己为自己设牢笼，向心灵上加压。活得轻松的人，是因为他们能够摆脱自我的限制，不受外物的牵绊，完全获得了心灵的自由。心灵获得了自由，自然感觉轻松、舒坦。

虚名不是虚荣，虚荣是一种内心的虚幻荣耀感，会使人脱离现实看世界；而虚名是别人加给你的一种名誉，或者个人心中希望获取的荣誉。一般来说，名与实是相符的，一个人的名声和他实际所做的贡献是相等的。但是，有些人获得了名誉之后，就不再发展自己的才能，也不再做出自己的贡献，这种名誉就和实际渐渐地不相符了，也就成了虚名。

为人如果被虚名所累，就会使人放弃努力，沉睡在自己已经取得的名誉上，不思进取，最后将一事无成。

1903 年，莱特兄弟发明了飞机并首次飞行试验成功后，名声大噪。一次，有一位记者好不容易找到了兄弟二人，要给他们拍照，弟弟奥维尔·莱特谢绝了记者的请求，他说："为什么要那么多人知道我俩的相貌呢？"

当记者要求哥哥威尔勃·莱特发表讲话时，威尔勃回答道："先生，你可知道，鹦鹉叫得呱呱响，但是它却不能飞得很高很高。"

莱特兄弟俩视荣誉如粪土，不写自传，从不接待新闻记者，更不喜欢抛头露面显示自己。有一次，奥维尔从口袋里取手帕时，带出一条红丝带，姐姐见了问他是什么东西，他毫不在意地说："哦，我忘记告诉你了，这是法国政府今天下午发给我的荣誉奖章。"

莱特兄弟对待名誉是这样的淡泊，他们是不为虚名所累的人。

悬挂在天空中的星星，我们看到它是小，却不能说它小，而且我们心中的小，也不能损伤它本体的大。何况还有许多没有被人发现、还不知道的大小存在着。例如，星星依然还是星星，人们知道它而它的数量也不会增加，人们不知道它而它的数量也不会减少。

做人只是做人，千万不要为名声而做人，不要为了求人知道而做人。培根说："重虚名的人为智者所轻蔑，患者所叹服，阿谀者所崇拜，而为自己的虚名所奴役。"

名声是一个人追求理想，完善自我的必然结果，但不是人生的目标。一个人如果把追求名声作为自己的人生目标，处处卖弄自己，显示自己，就会超出限度和理智。

隐忍形色，感情流露要适当

自古以来，凡是成功者很少因外界的事物而亦喜亦忧，能够成就大事的人，大都能够做到喜怒不形于色，即使遇到大风大浪，依然可以保持"泰山崩于前而色不变"的风度。

隐形于色的要点：一是喜怒哀乐不露于形，让别人看不出来你的真实意图；二是内心的真情不轻易流露，而是给人一种反面的效果，混淆对方的思维。隐形于色、含而不露必须要把握住迷惑对手的度，否则就会过犹不及，影响自己办事的效果。有时，可以采取"虚则虚之，实则实之"来扰乱对方的判断，但是应该让帮助你的人能明白你的真实意图，否则，也会贻误时机。

人各有志，品性各不相同，能够做到不以物喜、不以己悲者毕竟是少数，面对周遭的种种起落，能够懂得适时隐忍形色，确实需要一种修养与胸怀。

　　成大事者大多会将自己的情绪隐形于色，处事老练的人都有察言观色的本事，并且会根据他人表现出来的喜怒哀乐来判断一个人的性格，适当地调整与其相处的方式。在大多数情况下，看着他人的喜怒哀乐可以顺着他人的思路去说话、做事，从而为自己谋取利益。由此可见，喜怒形于色的人在不知不觉中，他的意志受到了别人的控制。

　　要做到喜怒不形于色，关键是要做到含而不露，这样做的好处在于，使他人弄不明白你的真正意图。攻之，可乘其不备，防之，可措置裕如。政治家往往城府重重，深不可测，因为他们能够做到喜怒不形于色、含而不露。

　　韩非子认为，君主如果把自己的所有喜好与憎恨溢于言表，臣子们就会在君主面前有所掩饰或者有所显示，就会按照君主的欲望去投机取巧。因此，他告诫君主应该喜怒不形于色，静观风云变化。

　　对于那些听到别人奉承就面有喜色的人，有心机者会以奉承来向他接近，向他提出一些无理的要求；对于那些一听到某类言语就不由得发怒的人，有心机者便会故意激怒他，使他在盛怒之下丧失理性，失去风度；对于那些一遇到委屈就伤心落泪的人，有心机者会利用他们内心的脆弱来博取同情，或者故意打击他们的情感脆弱处，从而达到自己的目的。

　　由此可见，一个人若不懂得隐形于色，就有可能成为被人利

用的对象。世事纷繁复杂，人心难测，有时人们一不小心就会成为别人的垫脚石，因此，要想保护自己，不妨把喜怒哀乐放在口袋里，隐忍形色，理性、冷静地看待问题，作出正确的分析与判断。

生活中总有失意或者得意的事情，人们总有烦恼忧愁、快乐喜悦的时候，无论怎样，如果被自己的情绪所左右，就会偏离生活的方向，有时作出错误的决定。对于高兴的事可以表现在脸上，但是如果把所有的悲伤都表现在脸上的话，则会加剧情绪的恶化，使人不能承受其中的分量，不仅影响了自己的情绪，也影响了人际交往的发展，更重要的是，暴露了自己的想法，把自己的内心世界一览无遗地展现给他人看，使自己处于被动的位置。

不管自己的心里如何波涛起伏，都要控制自己的情绪，将自己汹涌澎湃的想法藏在心里。因为自己心里的事情是属于自己的，一览无遗地展现给他人看，影响他人的情绪，让他人与你一起承担这种情绪是不公平的。而且什么事都藏不住的人是不可能被委以重任的。

在为人处世中，没有一定知识和阅历的人，应该加强磨炼，尽量不要表现出不耐烦的神色。当遇到不愉快的事情时，不要马上就改变脸色或者发泄出来，可以采取缓和的态度慢慢说出来，这样不会因为自己一时的不快而影响了他人的情绪，反而会佩服你的心理承受能力，可能会为你出谋划策，帮助你解除困境。

除此之外，隐形于色的人有更多的机会获得成功。自古以来，大凡成功者，很少有因外界的事物而亦喜亦忧的。当然，人有时会高兴，有时会忧愁，但若被情绪所左右，就会将一切情绪都表现出来，就会促使情绪强烈化。无论是失意还是得意，都能做到泰然自若，不表现出不悦之色或骄矜之色，那么大家也会认为你是一个沉得住气的人。

在工作中，如果大家都觉得你喜怒不形于色，就不知道你的底细，都会对你敬畏三分。受到上司的批评、嘲讽或者冷淡都能忍受，连眉头都不皱一下，做到这一点需要足够的自信与胸怀，也可能会被领导委以重任。

当与上司发生争辩时，采用温和的态度说出自己的理由，不要将不满情绪写在脸上，如此一来，给上司保住了面子，上司对你的抗拒心也会减少。如果把自己的怒气全部释放出来，上司不一定会认输，可能会与你争辩到底，这样就有被炒鱿鱼的可能。

无论失意还是得意，都能隐形于色，泰然自若，既不表现出不悦之色或骄矜之色，也不露恼怒气愤的神情，这样旁人才不会觉得你很了不起，也不会心生妒忌。不管是沉默还是有必要的争论，都必须就事论事，不要带有个人的感情色彩，这样才不会将小事化大，激化矛盾。如果已经觉察到了别人的欺骗，却不把这种想法在言辞上或者行动上显露出来，你的计谋将高于他人的计谋；受到别人的侮辱而不动声色，那么对方所受到的侮辱就超过了你所受到的侮辱。这种高人一筹的方法也是做人的一种大智慧。

在做人处世中，人们都善于察言观色，按照别人的喜好去调节自己与人相处的方式，有的人会顺着别人的性子去做一些违心的事情或者说一些违心的话。因此，若想聪明地做事，就应该时刻警惕，别让自己的喜怒哀乐成为别人利用的对象。如果不想被别人控制，就得先控制好自己的情绪，在必要时伪装自己。

有人认为，一个人如果连喜怒哀乐都不能自由表达，这样的

第一章 做人要低调，处世要收敛

人生就失去了意义。这种不露痕迹、不动声色的处世方式确实很累，但是，将喜怒哀乐适时地掩藏，从情绪中抽离，就可以理性、冷静地对待它，思索它的意义。

也有人认为，隐形于色过于世故，过于圆滑，压抑人的个性自由发展。其实不然，这里所说的收敛性情、隐形于色实际上是保护个性正确发展、成功实现自我价值的一条捷径。

对批评和责难要心存感激

内心充满感激的人才能成就大事。一遇到批评和责难就怒火中烧或暴跳如雷，这可以说是一般人的表现，而遇到批评和责难却心存感激的人，才真正是能够成就大事的人。个人心态决定着一个人一生的成败。

20 世纪 60 年代初，索尼公司开发出的磁带录音机上市了，各地的订单也雪片似的飞来，公司上下沉浸在一片欢快之中。然而，就在这时，索尼公司却收到了一个叫大贺典雄的声乐系大学生的来信，对录音机提出言辞激烈地批评：这种产品的性能特别的不好，声音失真太厉害，而歌唱家们需要的是一面镜子——一面听得见自己真实声音的镜子；你们的这种产品对我们搞音乐的人来说，简直就是一堆废物。这封信简直把新产品说的一无是处……

索尼公司的总裁盛田昭夫当众读了此信之后，许多人都感到非常气愤，说这是有意在找茬。等大家发表完了意见之后，盛田昭夫却意味深长地对大家说："首先，我想我们应该感谢给我们写信的大贺典雄，是他让我们看到自己的产品还存在那么多的亟待解决的问题。其次，这也是在提醒我们，我们的产品还有着更广泛的发展空间。另外，我们应该看到：批评最激烈的人，恰恰正是对我们公司的产品最需要或最关注的人，而我们的产品如果不能让最需要它的人满意，那么，这种产品一定将是短命或很容易被淘汰的产品；渴望用录音机来真实记录自己声音的人，并非只有音乐家，可以说整个社会都有这种需要。"为了感谢大贺典雄，索尼公司很快就给他回了封信，并真诚的聘请他担任公司的兼职顾问，还每月按时给他寄去工资，委派他搜集索尼产品的不足。

后来，大贺典雄毕业后不久，为了实现盛田昭夫的把录音机与音乐结合的梦想，就带着自己的音乐素养，投身到索尼的发展中来了。他凭着自己的音乐天赋和对录音机的挑剔，一步步推动了录音机技术的日益成熟。后来，他真的在索尼公司掀起了一场录音机与音乐共同发展的空前革命。

大贺典雄最初担任索尼公司磁带录音机生产部门的总经理，1961年，盛田昭夫又提拔他为产品设计部部长，几年后，他又出任索尼与美商组建的合资企业"哥伦比亚——索尼唱片公司"的社长。他不断地发挥着自己在声乐方面的特长，在选择录音曲时保持音色纯正方面非常在行，并不断地创新发展。为了发展新兴的唱片业，在20世纪80年代初，大贺典雄着力于开发与著名指挥家小泽征尔和卡拉扬的合作，推出世界上最早的激光唱片和激光唱机。他领导的唱片公司也一步步发展成为世界一流的唱片公司，从而使盛田昭夫最初的梦想——把"录音机"与音乐完美的

结合在一起，终于变成了现实。这一革命，也使索尼公司发展成了世界最大、最有实力的公司……

正是盛田昭夫的那颗感激之心，从而将批评者变成了自己伟大事业的推动者。

推行"韬光养晦"政策

所谓"韬光养晦"政策，换句话说就是"有所为有所不为"。其要义不在于这种提法本身，而在于具体的"为"与"不为"的选择判断上。这才是糊涂学的奥妙之处，而这个具体操作是不会轻易公开的。

所以就算是人家知道你要韬光养晦，可怎么个"韬光"、怎么个"养晦"还是不清楚的，这样便达到了我们的目的。韬光养晦策略不是绝口不提这四个字，而是让一切看起来自然合理，不做超常的事。然后在这个"为"与"不为"上尽心竭力做足了功夫，遂成其功。

无论在职场或是商场里，还是要韬晦一些比较好。太急于显露自己的才能和实力，盼望尽快得到他人的认可和刮目相看，表现得急于求成是很不可取的。这样做不仅会给人自高自大的印象，更主要的是会使你过早地成为人们的竞争对手，倘若你没有厚积薄发的底牌，一旦成为强弩之末，那只有被人嗤之以鼻，逐出场外。所以，别太拿自己当回事。

有这样的一个事例，王某过去有一个非常严厉的上司，只要下属有一点点过失，就会被他骂个狗血喷头。

一次，这位上司终于离开了公司，王某欢天喜地。新来的李经理和和气气，大大小小的工作都不厌其烦地拿来与大家商讨。起先，王某很庆幸来了个这么民主的上司，可没过多久，新的烦恼就接踵而来。

首先大量工作毫无意义地重复返工。过去的经理虽然武断，但在他手下工作只要按他的吩咐尽心做好就可以了，不必过多操心。而现在的李经理遇到工作就先要"听听大家的意见"，而且几乎每个手下的意见都能影响他的决定，弄得大家经常加班，效率却很低。其次是收入的直线下降。自从新经理上任后，由于部门业绩大不如前，部门的收入连连下滑，原先每月可以拿到3500元奖金的王某已经连续三个月没拿到过2000元了。

最后是心理上的折磨也日渐浓郁。随着时间的推移，大家对新经理的能力纷纷表示怀疑，有些同事甚至在私下里多次跟王某说："论资历，论水平，论才干，他哪里比得上你？偏偏让这种人来当我们的领导！"

于是，在那次好友的聚会上，王某把自己心中的不快一股脑儿地倒了出来。朋友七嘴八舌地给他出了不少主意：有的说，跟他较劲，看看谁有实力！也有的说，找上层领导反映，撬掉他！还有的甚至建议，干脆辞职，不伺候这种"低能儿"了！

最后，王某还是听取了父亲的建议。父亲说："不管你的上司如何低能，你都应该尽力辅佐他，在努力工作中寻找新的机遇。"于是，王某及时调整了自己的心态。他时刻告诫自己，不要老把眼光盯在上司不足的方面，要全面地认识自己的上司，他肯定有

过人的地方，不然为什么能力平平的他却能得到眼前的位置呢？

　　从那以后，王某就尽自己最大的能力去辅佐上司。本来王某的上司也早听说了他的才能，心里早已有所警惕。但是看到王某如此真心诚意地辅佐自己，不仅渐渐消除了戒备，而且从心底里对王某充满了感激和信任。

　　在工作中，王某当然没有放弃寻找和创造新的机遇。在不给上司造成压力的前提下，王某尽力抓住一切机遇展现自己的才华与能力。与不如自己的上司搞好关系，尽力为他做好工作，无非是为了韬光养晦，蓄势待发。

　　果然，过了没多久，王某就引起了公司上层领导的关注。当他们向王某的上司了解情况的时候，得到的是积极的评价和大力的推荐，于是王某理所当然得到了晋升。

　　古人云："木秀于林，风必摧之。"锋芒毕露的人很容易遭到别人的非议和敌视，在政治斗争中尤其如此。善于保存自己，急流勇退，不是消极地避凶就吉，而是为了养精蓄锐，待机而动，这就是韬光养晦。《周易·系辞下》："尺蠖之屈，以求信也；龙蛇之据，以存身也。"隐藏自己的才华，隐蔽自己的真实企图或目的，这是力量不足，处于劣势时以保护自己，以待今后东山再起的良谋。善于断然退避，是一个人博大胸怀的体现。

用蟑螂的方式壮大自己

蟑螂一直爬行，因为爬行最容易找到食物，它们的身体颜色最容易与周围环境融为一体，所以，爬行最不容易引起注意；蟑螂没有放弃翅膀，随时可以飞行一小段，但是，从来不炫耀自己的翅膀。

蟑螂从来不计较气候和自然环境的优劣，地球上每个有生命的区域都有它们的种群。多肮脏的地方，多偏远的地方，或是多神圣的地方，都有它们的巢穴。它们就这样悄悄的生活，悄悄的繁衍着。

蟑螂的确非常低级，但它们正是因为低级而特别容易生存，什么样的生态环境都不会影响它们繁衍。

没有食物蟑螂可以存活一个月，没有水蟑螂仍可以存活一星期。

蟑螂在没有头的情况下仍然可以存活一周，无头蟑螂只是因为没有嘴喝水而被渴死。

蟑螂每小时能跑三英里路。对于蟑螂来说，这是很轻松的，对人类来说却很难，除非人类现在全部成为专业的马拉松选手。

蟑螂可以憋气 40 分钟……

如果人也有蟑螂的韧性，还有什么日子不能过，还有什么样的苦不能吃呢？

在人的一生当中总会碰上不如意的时候，这些不如意有很多

第一章 做人要低调，处世要收敛

种，例如：生意失败、失恋、人事斗争落败、被羞辱、工作不顺、家道中落等，不管你遭到的不如意程度如何，只要你在主观感受上已到了沮丧、消极、痛苦，几乎要毁灭的地步，你就要告诉自己："像蟑螂一样顽强地活着。"

蟑螂在墙缝里可活、壁橱里可活、阴沟里也可活的昆虫，当你遇到不如意事，无论是客观环境造成的，还是人为的，就有如在墙缝里、壁橱里、阴沟里一样吗？如果你因为过着这样阴暗、充满脏臭与羞辱的日子而灰心丧志，失去活下去的勇气，那么，你连一只蟑螂都不如。恐龙已经绝迹，蟑螂却仍然存活，而且生命力更加旺盛。所以，你也要在最黑暗的时刻，最卑贱的时刻，最痛苦的时刻，顽强地活下来。

也就是说，在这种时候，你不要去计较面子、身份、地位，也不要急着出头，这种日子很容易让人沉不住气，但只要沉得住气，只要"存在"就有希望，就有机会。

如果人能像蟑螂一样地活下来，必然会有一些收获：

重新出头的那一天，你会得到更多的尊敬，人虽然屈服于强者之下，但打不死的勇者却有更强的号召力和感染力。

有过蟑螂般的生活经验，便不怕他日横逆之来；换句话说，对不如意事更能淡然面对、能屈能伸；阴暗的日子能过，风雨的日子能过，人到了这种地步，还有什么事能为难他呢？

第二章

从低处起步才能高就

以低姿态立身处世

低就是一种境界、一种修养。耐得住低就，才可以实现厚积薄发的冲力，才可以达到赢得人生、成就事业的最高点；拥有处低瞻高的胸襟，才可以更好地展现登高望远的风度与气魄。

关于低调做人，自古以来就大有学问，其中最重要的一条就是能够以较低的姿态来立身处世，始终把自己的起点放在较低的位置，以此为基点向高目标迈进。

一个人在走入社会前，就应该做好充分的心理准备。在陌生的环境里，对很多事情都知之甚少，需要时刻请教别人，如果这时候没有虚心、耐心，恐怕要吃大亏。如果一不小心，犯了错误，更容易招致他人不满，被同事埋怨、被领导批评。甚至有时候明明不是自己的错，可领导却认为是你的不对。这时候如果自命不凡或者火气太大，就容易引起争执，影响彼此间的关系，也会使自己的工作难以开展，所以，一定要做好低姿态的心理准备。

既然自己对工作不熟悉，就虚心向别人请教。如果自己不小心犯了错，也应该坦白承认，并且用心纠正，没有人不犯错，知错能改就好。就算受了一些委屈也不要斤斤计较，别人未必就是故意的。要明白，这个世界并非随时随地都在使用公正公平的规则，对于不善待你的人，应该宽容低调地回敬他，而不是以牙还牙。降低姿态、低调做人将会帮你适应新环境，给人留下好印象。

在单位里，更要勤学好问、乐于助人。如果同事把一些本来不归你负责的工作交给你，你尽量把它做好，这对你有很大的好处：

第一，把这些工作当成一个学习的机会，多学会一种工作，多熟悉一种业务，对自己总会有好处的。

第二，反正自己在办公时间总要做事，只要是公事，而且不妨碍自己分内的工作，就不分彼此一律照做。

第三，要乐于帮助同事做事，这是跟同事接近和建立良好关系的机会。倘若某同事把自己应做的工作交给你，如替他做一个表格或发一个函件，你很乐意地接受下来，并很认真地替他做好，这样就会给对方留下一个良好的印象。

第四，要知道自己没能得到足够的赏识和重视是一种暂时现象，因为自己是新人，或许是因为没有合适的工作，所以，别人有机会把各种工作都拿来让你试试，或者请你帮帮忙。等到你对工作与环境都渐渐熟悉了，自己分内的工作也渐渐有了头绪并稳定下来，同时跟同事之间也已经建立了良好的关系，这些现象就会自然而然地消除。所以，大可不必在开始的时候，因为多做一点事就使自己和别人都弄得不愉快，以致妨碍以后的和谐相处。

低调做人能使你很好地处理与同事间的关系，成为一个受大家欢迎的人。如果你能在工作上做到认真负责，对各项业务非常熟悉、老练，对同事诚恳和善，对下属谦逊、和气，就可以说已经站稳脚跟了。这时候你在公司里、在同事间就已经建立了不可动摇的威信。人人都知道你很负责、能干，对同事很好，每个人都信任你、尊重你。即使有人想说你的坏话，造你的谣言，损害你的名誉，他人也不会相信，反而会支持你、同情你，孤立那些

无事生非、别有用心的人。

脚踏实地的做事，通俗地讲就是少说话、多做事。行，其实也就是做事，做好应该做的事情，多学习业务知识，多学习不明白、不了解的东西；不言，就是指少说空话、大话，不要夸夸其谈。仅仅做到这些还不够，同时也应该看到，身在低处不是没有机会，处在低处并非不能望远，每个人都应该有长远的目光。只要打好了基础，总会有成功的一天。

低调处世，谦和做人

作为领导需要低姿态来收服人心，作为普通人更要低调处世，谦和做人。以低姿态待人，不仅仅可以在做人处世中少走弯路，赢得人们的好感，也为将来的发展铺好一条道路。低姿态做人，可以形成良好的人际关系，将来受用无穷。

有一个人，年轻的时候骄傲自大，自恃才华，因此言行间显得不可一世，处处咄咄逼人，很不受人欢迎。他的一位朋友看不下去了，有一天请他前去，温和地规劝了他一番。这番规劝如当头棒喝，竟使这位年轻人从此以后改头换面，为人处世变得谦和礼貌，胸襟广阔，最终成为一个了不起的人。这个年轻人就是富兰克林。

他的那位朋友推心置腹地对他说："富兰克林，你仔细想想，以你那事事自以为是、高高在上的态度，什么时候都不尊重别人意见的做法，结果会怎么样呢？人家受了你几次难堪之后，再也不愿意听你那让人难堪的言论了，即使你真有本事又怎么样？所有的朋友都对你敬而远之，免得受气，而你也不可能再从他们那里学到任何学识和本领。更何况，就你现在知道的事情，很不客气地说，还很有限，与高水平的人相比还差得很远。"

富兰克林听了这一番话后，大受触动，深刻思索之后，他已经认识到自己过去的行为很不得当，决定从此以后痛改前非，处世待人用较低的姿态，言行也变得非常谦恭委婉，时时谨防自己的言行有损他人的尊严。没多长时间，他便从一个狂妄自大、自以为是，人人避而远之的刺头，变为一个处处受人欢迎与爱戴的人。从遭人拒绝到受人尊敬，富兰克林的这次转变为他以后的成功打下了良好的基础。

如果富兰克林当时执意不接受这位朋友的劝勉，仍旧事事一意孤行，说起话来高高在上，肆无忌惮，根本不把他人放在眼里，就很难获得人心，也会失去朋友们的尊重与帮助。

平和心态，低调处事

耐心表现在一个人的心里，是铁杵磨成针的毅力，是十年寒窗的勤奋，是坦然面对失败或成功，是胜不骄、败不馁的心境。而考验，也许是飞来横祸，国破家亡，也许是鲜花掌声，万人崇拜，也许是茫茫黑夜，不见光明，也许是明枪暗箭，冤屈误解。

能耐心接受考验的人知道如何等待，有耐心等待的人往往会获得最后的成功，得到命运给予的最丰厚的奖赏。为人行事低调不仓促，不受情绪波动的困扰，任你东西南北风，我自岿然不动，坚持耐心做事，积极寻找机会。

西晋时期的石苞就是这样的人，他面对误解，低调坦然，耐心接受考验，终于使晋武帝自省，解除了自己的危机。

石苞为人沉稳，战功赫赫，是当时一位非常有名的将军，深得皇帝司马炎的信任。石苞平时努力、认真地做事，尽职尽责，在百姓心目中很有威望。

那个时候，天下还未统一，长江以南还是由吴国统治，吴国时常出兵进攻晋朝。晋武帝司马炎便派他带兵镇守边防，抵抗吴国的进攻。

石苞出身贫寒，为人正直，因此，朝中有一部分人暗中嫉恨他。有一位官员叫王琛，当时在淮北一带做监军，他听到一首歌谣说："皇宫的大马变成驴，被大石压着不能出。"他认为这"马"当然是说的是皇帝司马炎，而这"石头"当然就是说的是石苞了。于是，他就悄悄跟司马炎密报石苞背叛晋朝，意图谋反。

就在王琛诬告石苞前不久，迷信风水的司马炎也听一个法师预测说："东南方将有大将造反。"石苞刚好就在东南方位，因此在看到王琛对石苞的诬告以后，司马炎就开始怀疑石苞了。

正在石苞遭受司马炎猜忌的时候，荆州官员送来了吴国派大军进犯晋朝的报告。同时石苞也得到了探子的密报，立即着手战斗准备，开始修筑防御工事，封锁通道，准备抵御吴国的进攻。司马炎听说石苞加固城墙准备战斗的消息后不由得更加怀疑石苞的用意，就问中军羊祜说："吴国军队进攻的套路一向是东西呼应，两面夹击，这次怎么会只在一边。难道石苞真的有意谋反？"

羊祜认为不会，但是羊祜的看法并没能打消司马炎对石苞的怀疑。

正在这个时候，又一件事情发生了。当时石苞的儿子石乔也在朝中任职，有一天，司马炎召见他，可石乔很长时间也没有消息，更别说去报到，这彻底引起了司马炎的怀疑，于是他秘密派兵，准备出其不意讨伐石苞。

在出兵之前，司马炎发布了一个罢免石苞官职的文告，认为石苞没有得到准确消息就封锁交通，修筑工事，严重扰乱了百姓的正常生活。然后就派遣大将带领重兵前去征讨石苞，同时还调来另外一支人马从前方包抄，以形成对石苞的合围，尽可能使得石苞不能逃跑。

但是对于这一切，石苞一点都不知道，还是一如既往地练兵守城，准备应付吴国的进攻。直到灾难临头，司马炎派兵讨伐他的时候，他感到莫名其妙。为人非常有耐心的石苞心想："自己一向对朝廷忠心耿耿，忠诚为国，也没有做什么违法乱纪的事情，怎么会被皇帝派兵征讨呢？这里面肯定有误会。而且自己为人一向光明磊落，上对得起国家，下无愧于百姓，用不着畏惧，见了皇帝一切都会明白的。"于是，他采纳了部下的意见，放下武器，打开城门，没有做任何的反抗和辩驳，只身来到都亭住下来，等候司马炎的处理。

司马炎听说了这些事情以后，顿时清醒过来，他想："指控石苞反叛的事情本来就没有什么真凭实据。况且石苞如果真要反叛朝廷，他修筑好了防御的工事，大兵到来他早就反抗了，怎么会只身出城，坦然接受处罚呢？他又不是傻子。再说，如果石苞真的投降吴国，怎么没有敌人前来帮助呢？司马炎也不是一个彻

头彻脑的糊涂蛋。经过一番仔细的揣摩，司马炎对石苞的怀疑一下子打消了。

果然，石苞被送回到朝廷以后，不但受到了司马炎的盛情款待，还愈加得到重用和信任。

俗话说："不做亏心事，不怕鬼敲门。""身正不怕影子斜。"石苞的故事说明了一个道理：在意外的危难面前，在事情的紧急关头，更应该冷静地对待，低调地处理，要多一份耐心，对于自己所遇到的不幸遭遇和艰难处境，要耐心对待，不要因此心惊胆战慌了手脚，也不能气愤不平，做出冲动的事情。只要耐心处世、冷静面对，总有云开雾散的时候。

潜得越低，跳得越高

能处低，表达的是心态，显示的是智慧；能瞻高，体现的是勇气，反映的是理想。如同海豚，只有潜得越低，才能跳得越高，看得越远。低调做人，做好应该做的事，处低而心存高远，这是一种境界，显示出一个人良好的修养。在古往今来的历史中，这样处世做人的成功典范非常多。

甘地，这是一个耳熟能详的名字。他是印度人民心中的英雄，为印度人民的自由和解放奋斗一生。就是这样一位形象有些不起眼的老人，领导着已经觉醒的印度人民向英国殖民主义者发起挑战，成为民族团结和自由的领袖。

甘地身材矮小，瘦骨嶙峋，终日身披粗布衣衫。有一幅非常形象的画面描述了这位老人：他一丝不苟地坐在一架纺车前，两条修长的手臂在忙碌着，一只手正在摇着纺车，另一只手抽出了长长的棉线，戴着钢边眼镜的双眼静静地凝视着抽线的手。这是他行而不言的低调姿态的体现。

在第一次世界大战中，英国政府为了得到印度的支持，答应在战后让印度人民自治，但是战争结束后，印度人民不仅没有获得自治的权利，反而迎来了《罗拉特法》——一部旨在更严厉地镇压印度人民反抗的法律，这种背信弃义的做法让印度人民对英国的幻想破灭。于是，在《罗拉特法》颁布不久，一项前所未有的活动在印度全国展开了，那就是圣雄甘地领导的旨在反抗英殖民主义的"非暴力不合作运动"。

1919 年 4 月 6 日，在甘地的领导下，印度全国以死一般的沉默抗议英国政府，在令人毛骨悚然的静寂中，印度完全陷入瘫痪状态。从这天开始，印度人民逐渐从驯服的奴隶转变为反抗的战士，印度的历史在这一天翻开了新的一页。

1919 年 4 月 13 日，英国士兵向手无寸铁的印度人群开枪射击，打死打伤一千五六百人，这就是震惊世界的"阿姆利则惨案"。这一惨案使甘地有了彻底的认识：英国人再也不配享有印度人民的好感和合作。他呼吁印度人民在各个方面抵制英国：学生罢课抵制英国人开办的学校；律师抵制英国人的法庭，政府官员拒绝在英国机构任职等。正是从这个时候开始，甘地把他在南非形成的非暴力思想同不合作思想结合起来，形成了后来闻名世界的"非暴力不合作"思想。

在以后的数十年里，印度人民在甘地的带领下，一共发动了

四次大规模的非暴力不合作运动，虽然当时的每次运动都未能完全实现甘地的目的，但是从长远来看，这四次非暴力不合作运动在印度的独立过程中起到了举足轻重的作用。它动摇了英国殖民统治的基础，唤醒了在英国政府高压殖民政策下逆来顺受了几百年的印度人民的反抗精神，把整个印度人民发动起来同殖民者抗争，并迫使英国政府在 1947 年 8 月 16 日同意印度独立，彻底结束了印度数百年来作为英国殖民地的屈辱历史。

甘地曾经这样说过："英国人妄图迫使我们与他们真刀真枪地较量，我们绝不能这样做，因为他们手里有武器而我们却没有。但是，我们也能击败他们，唯一办法是把与英国人的决斗引到我们有武器而他们没有武器的地方。"而这个地方就是非暴力不合作的战场。面对英国的极端统治，印度国内弥漫着恐惧的气息，这个时候甘地镇静而坚决地站了出来，他领导的不合作运动鼓舞人们毫无畏惧地坚持真理。于是，人民肩头上恐惧的黑幕就这样被揭掉了。

在非暴力不合作思想的鼓舞下，印度人民完全被发动起来了，上到政府官员，下到低层"贱民"，从年纪较大的老人到中青年甚至幼小的孩子；从男人到一直受奴役、受压迫的妇女，他们在各自的工作岗位上，一齐向殖民当局宣布开战。

这样一只强大而团结的非暴力不合作的大军，令英国殖民政府无可奈何。尤其对于有着这股力量的领袖——甘地，殖民统治者心里更是矛盾重重：因为甘地的非暴力不合作思想带动了印度人民，动摇了他们的殖民统治基础，一旦失去甘地，印度人民会脱离非暴力斗争的轨道而走上暴力反抗的道路。

最终，甘地的非暴力不合作思想有了结果，迫于战后世界风起云涌的民族独立运动浪潮，英国政府不得不派出一位年轻有为的勋爵前往印度处理有关印度独立的事宜。这位勋爵同甘地以及印度其他几位宗教领袖经过几轮较量之后，终于在1947年6月向全世界宣布："1947年8月15日，将正式宣布印度独立。"

1947年8月15日，在这个历史性的夜晚，印度独立了，印度人民正式脱去了历史的枷锁，而甘地，这位领导印度人民走向独立的领袖，只是平静地和他的同伴们住在新德里贞利亚加塔大街一座寓所里，一如既往地躺在铺在地上的一块椰树叶编成的席子上，当午夜12点的钟声敲响，当印度终于真正得到自由和独立的时刻，他正在沉睡。甘地，这位印度人民的伟大领袖，便是以这种极其平凡的方式迎接他奋斗了几十年的民族独立的胜利。

作为一位出色的政治领袖，甘地被认为是印度历史上的一个奇迹，也是人类历史上一个特殊的典范。他做人低调，不事张扬，没有个人野心，他从来不去争夺国家的权力，尽管他有十足的把握获得这些权力。恰恰相反，他不仅辞去了党的领袖职务，而且拒不到政府任职，这有别于很多政治领袖。

甘地的伟大人格几乎举世公认，他的道德修养堪称楷模，被印度人民尊称为"圣雄"，成为人们的表率。甘地待人谦恭、诚实、光明磊落，不分贵贱善恶一视同仁，没有种族歧视和宗教偏见，虽然他是一名虔诚的印度教徒，但对于穆斯林、犹太教的经典也能兼收并蓄、运用自如。他用自身的切实行动唤醒了整个印度的人民，他关心下层人民疾苦，善于体察民情，他一直和下层人民一起生活；甘地生活清苦，安贫乐道；他尊重女性，提倡人的精

神完善和社会和谐，这对于印度歧视妇女、男尊女卑的不良传统是个挑战。

正因为如此，甘地这位身材矮小、其貌不扬的东方人赢得了世界上不同民族、信仰和阶级的人的敬仰和爱戴。尽管他去世已将近半个世纪，但是他为人类留下的东西仍然值得后人回味、思索，也没有人敢忽视他，他是民族独立和自由的象征。

和印度被殖民统治了几百年的人们一样，甘地生来就是在一个没有民族尊严的殖民地国家里成长，但他拥有长远的目光，切实的想法和坚持不懈的努力，这一点即使在甘地成为民族精神领袖以后，依旧没有丝毫改变，最终这也使得甘地带领印度民族获得了独立，成为一个伟人。

处低瞻高，脚踏实地做人、做事，不夸夸其谈，不管身处何种位置都要有长远的理想并为之奋斗，甘地的一生无疑是对这句话最好的诠释。

身处低位不要丧失斗志

巴尔扎克曾说："逆境，是天才的进身之阶，信徒的洗礼之水，能人的无价之宝，弱者的无底之渊。"一个积极向上的人，在任何环境里都不会自卑。而一个不肯拼搏进取、浪费光阴的人，才是真正的低微。

当今社会竞争日益激烈，生活节奏日益加快，人们承受的生活压力越来越大，有时难免受挫碰壁，处于人生的低谷。面对暗礁或者险滩，人们往往会有这样的表现：一是迎面撞上，头破血流；二是错愕停留，面壁思过；三是飞檐穿墙，力求突破；四是改变方向，重新出发。第四种表现，既有检讨，也有行动，既有决心，又有毅力，这种方法是可取的。若想要在厄运中出现转机，就要思考出人生中可能会出现的危险的替代方案，对于能够预知碰到的状况，作出最坏的打算，还要有面对这种情况的决心与勇气。一旦失意或者处于低谷时，要调整自己的心态，找到适合前进的新方向。

李白怀才不遇，官场失意，却在诗坛大放异彩；范蠡政界隐退，却在商场大展宏图，爱因斯坦在家乡屡遭迫害，却在异国他乡受人瞩目，成为科学泰斗；里根在电影界极不顺利，壮志未酬，却在政界大放光彩，连选连任；苏轼被贬黄州，将失意踩在脚下，写出千古不朽的《赤壁赋》。他们能成为楷模，原因何在？因为他们处低不忘继续奋斗，仍然自强不息。

当周围满是掌声与鲜花时，或者身处高位要职时，人们会感到得意之时的快乐与喜悦，然而当一不小心步入低谷时，或者面对万丈深渊无处可走时，人们难免会有伤心、失落之感，这是人之常情。这时，如果承受不住打击，丧失斗志，意志消沉下去，就会被沮丧蒙住双眼，找不到走出去的路。此时要做的事就是随时准备再度上台，不要自怨自艾、自暴自弃，无论是原来的舞台还是新的舞台，只要不丧失奋斗的勇气，终会有机会成功。

从前，在朝鲜半岛上有两个小国，分别为百济和新罗。有一次，百济对新罗发起进攻，新罗重臣金春秋奉命出使高句丽求救。高句丽王却乘人之危，向使者索要新罗领土，金春秋果断地拒绝

了这种无理的要求，就被扣留了下来，在他性命攸关、无可奈何的情况下，只好贿赂高句丽的一个老臣，请求帮忙。

老臣给他讲了这样一个故事：东海龙女重病不起，需要兔肝做药引子。于是，龙王派虾兵蟹将四处寻找兔肝。一天，一只大乌龟爬上岸，碰到了一只小兔子，就对兔子说，海中有一座长满仙草的小岛，它可以驮着兔子游到海中央登上小岛。兔子信以为真，于是爬到乌龟身上。到了深海里，乌龟对兔子讲出了实情。兔子知道自己被骗，却没有惊慌害怕，而是马上回答说，自己是神兔，即使没有肝也可以活。乌龟听后非常高兴，但是兔子又说，自己刚才把肝拿出来洗了洗，现在还晾在岸边上，如果急用的话，就同去取回。于是，乌龟又驮着兔子来到岸边，可是兔子跳上岸后，大骂乌龟，然后迅速地跑掉了。

听完这个故事，金春秋若有所悟。第二天，他答应了高句丽王的领土要求。随后他与陪同的使者一起出发，当离开高句丽国境后，他对陪同的使者说，自己的话不算数，之所以答应领土要求，是想救活自己而已。使者回去将金春秋的话告诉国王，高句丽王虽然大怒，却无可奈何。

后来，金春秋又去大唐求救，在唐军的帮助下，新罗最终消灭了百济和高句丽，统一了朝鲜半岛，金春秋也成为第二十九代新罗国王。

由此可见，世事难料，人生的际遇变化多端，起伏难免，有时是逃不过去的。不失去斗志，心存坦然自在的心情，就会为自己的人生找到起点，找到再放光芒的机会。

管仲曾经辅佐公子纠对抗齐桓公，后来公子纠失败，他归降了齐桓公，并且做了齐国的相国。对于当时人们的议论，他这样说："人们认为我被齐桓公俘虏后，委曲求全是可耻的，可我认为有志之士可耻的不是被关在牢里，而是不能为国家和社会做贡献：人们认为我所追随、拥戴的公子纠死了，我也应该跟着死，不死就是可耻，可我认为可耻的不是不随主死，而是拥有满腹才华却不能让一个国家称雄天下。"管仲身处逆境，却不抱怨，而是以一个良好的心态去面对现实，终于成为一代名相。

人生就是一个不断迎接失意，又不断战胜失意的过程。失意并不可怕，失意是人生的一笔财富。因为，人们处于低谷时，才会有足够的时间去冷静地自我反思，正视自身缺点，克服自己的不足，使自己不断地成熟、强大起来。

有人说，人生就是一场漫长的战役。谁也不欢迎失意，但谁也无法回避失意，就像明天不一定会更好，但明天一定会到来一样，只能去面对。伟人、巨人、成功者在身处低谷时，他们不会一蹶不振，而是在黑暗的角落里，悄悄地磨自己的剑，用失意来祭自己的旗，把失意当成前进的动力，用失意来鞭策自己，激励自己。

降低姿态不拘一时得失

一个人不可能干好所有的事情，也不可能永远都不需要别人的帮助，当身在屋檐下的时候，当遭遇困境的时候，不妨弯弯腰，降低一下姿态，低调一些，也许会发现，有更多机会就在眼前。

每一个人都想做自己想做的事情，都想获得成功。也许你知识渊博、文采斐然，或者出口成章、聪敏过人，但在社会中，很多时候，你都会心有余而力不足，也需要别人的帮助，经常处于一种求人的尴尬。在这样的情况下，弯一下腰，低一下头，降低自己的姿态，说谦卑的话、低就的话、礼貌的话可以使自己处于有利地位。

或许你担心别人会傲慢地对待你，轻视、侮辱你，使自己抬不起头来，更重要的是觉得自己的尊严受到损害，在众人面前丢了面子，所以丧失了勇气，退缩不前，还会打出"万事不求人"的牌子。这并不能说明一个人多么有尊严，只能说明其内心是脆弱的，没有勇气，也白白浪费了聪明才智。因为别人怎么看待自己是一回事，自己怎么看待自己又是另一回事，应该把别人的看待与自身的价值分开。一个人应该认识到自身价值，不要终日生活在别人的指指点点中。

一个人的尊严可以分为内在的尊严和外在的尊严。一个人外在的尊严取决于他的实力和成就，而内在的尊严取决于一个人对自我生命价值的肯定，和别人的评价无关。内在的尊严是一个人尊严的起点和基础，一个人首先要自尊，然后他才能具有真正的尊严。设想一下，如果一个人因为上司的微笑就昂首挺胸，因为别人的白眼就垂头丧气的话，那么他还有什么尊严可言。当一个人还没有足够实力的时候，就不能对外在的尊严抱过高的奢望，而必须依靠自己内在的尊严生活和工作，也就是说，在身处困境的时候，要能更清醒地认识自己的生命价值，不要处低自贱或者自暴自弃。

你去求别人，并不说明别人比你更有价值、也不能说明别人比你更有尊严。仅仅说明：在你要办的这件事上，别人由于种种原因比你有更多的主动权。因为主动权操之于人，所以自己要表现出低姿态，表现低姿态只是向对方说明在这件事情上，你的实力不如对方，你需要对方的帮助，并不说明你的人格低贱。正如找医生看病要付钱一样，找别人办事就要放下一些面子——这是向对方显示低姿态的一种具体的代价。

降低姿态与人格尊严和实力没什么关系，每个人都有自己的优势，只是在具体的事情上没有体现出来而已。如同遨游四海的蛟龙，当身处浅滩的时候，可能连动一动的力气都没有，连小小的虾米都敢和它嬉戏，可是谁能就此认为蛟龙的实力不如虾米呢？

身处矮檐下，低头又何妨？看清处境，降低姿态，是勇气和智慧的表现。倘若拘于一时得失，与成功失之交臂，岂不是天大的遗憾？其中的道理，不言自明，究竟值不值，孰轻孰重，一目了然。

出身低微也可高就

在这个世界上，处于人生顶峰，能够尽情享受成功的只是少数人，虽然大多数人都在向成功奋力拼搏。但很多人还是不得不从事着不为人关注的工作，眼下似乎也看不到成功的希望，于是埋怨人生，牢骚满腹。看看下面这个案例，也许会带来一些不一样的思考。

　　几十年前，日本有一位年轻女孩，得到了她走入社会的第一份正式工作——到东京帝国酒店当服务员，这是人生的第一步，也是踏入社会的起点，为此她很激动，也暗暗下定决心：不管怎么样，一定要好好干，做好这份工作。但是，让她怎么也想不到的是，她的工作竟然是：洗马桶。

　　她懵了，不管以前的决心有多大，可是事实跟想象中的出入也实在是太大了。这样一份没有人喜欢干的活儿，却让她这个细皮嫩肉、喜爱洁净、从未干过粗重活的姑娘去做。

　　可以想象，洗马桶时的感觉：不管是视觉，还是嗅觉以及体力上都让她难以承受，尤其是心理上的痛苦更使她无法忍受。当她用自己白皙细嫩的手拿着抹布伸向马桶时，她恶心得想要呕吐却又吐不出来。这还不算，洗马桶的要求更是离谱：必须把马桶擦洗得光洁如新。

　　"光洁如新"四个字意味着什么？她当然明白，洗马桶又是如此苛刻，难道自己人生的第一份工作就是如此吗？她开始动摇了。

　　即使有了再大的决心，面对这样一个不起眼甚至卑微的工作，她还是犹豫了，开始了艰难的选择：继续干下去还是另谋职业？继续干下去，实在是难以接受；可是打退堂鼓另找工作，就这样知难而退，败下阵来，她又不甘心，如果第一次工作就这样以失败告终的话，以后还怎么面对其他困难？

　　关键时刻，同单位的一个前辈过来了，什么也没说，只是一番举动就让她摆脱了困惑，坚定了决心，也教她迈好了这人生的关键一步，更重要的是帮她认清了以后的路应该怎么去走。

首先，这位前辈用心地一遍遍擦洗着马桶，洗完后，他用杯子从马桶里盛了一杯水，一饮而尽，丝毫没有勉强之感。实际行动胜过万语千言，他不用一言一语就清楚地告诉了这个年轻女孩一个极为朴素、极为简单的道理：光洁如新，关键在于"新"，新的东西当然不脏，包括马桶。没有人认为新马桶脏，因此厕所里马桶中的水是不脏的，是可以喝的，反过来说，只有马桶中的水达到可以喝的洁净程度，才算是把马桶擦洗得"光洁如新"了。

完事之后，这位前辈还送给她一个含蓄的、富有深意的微笑与一丝关注的、鼓励的目光。女孩感动不已，这个前辈所做的一切让她目瞪口呆，她恍然大悟，于是痛下决心："就算一生洗厕所，也要做一名最出色的洗厕人！"

从此以后，她成为一个全新的、振奋的人，工作质量也达到了"光洁如新"的标准，赶上了那位前辈的水平。当然，为了检验自己对工作的信心，为了证实自己的工作质量，也为了强化自己的敬业精神，她不止一次地喝过厕水。在迈好了这人生关键的第一步后，她踏上了成功的路，开始走向人生的巅峰。

这个洗厕所的少女名叫家田惠子，现在是日本一家著名商社的董事长，她的名字在日本家喻户晓，她的事迹被广为传诵，她也被看作是从低处走向成功之巅的典范。

她最初的工作起点是如此低，可是当她在这里迈下了坚实的第一步后，便打开了通往成功的大门。低处对于她来说就是黎明前的黑暗，蕴含着成功的希望，是人生必须走过的一段旅程，是通往成功的起点。在这个卑微不起眼的位置上，经过努力，她最

终成长为一棵参天大树。

回过头来可以设想一下，还有什么工作比一个细皮嫩肉、喜爱洁净，从未干过粗重活计的姑娘去洗厕所更为艰难，更不为人关注？当初涉社会的时候，当工作不起眼的时候，当环境不好的时候，如果还想要成功，不妨想想家田惠子，想想她曾经是怎么做的。

走出卑微，迈向成功

低是起点，一时的低处并不能说明什么，成功更青睐于能走出低谷的人，低是事情的底端，既立足于低处，自然无所畏惧，能更勇敢地攀向高处。相信自己，低处也可高成。

低处并不可怕，可怕的是失去了向上攀登的勇气，卑微不是末路，只要还有一颗进取的心：低处并非全无希望，只要坚持努力，做好要做的事情，总有峰回路转的时候。

被认为是美国历史上最伟大总统的亚伯拉罕·林肯，在当选总统的那一刻，整个参议院的议员们都感到尴尬，因为林肯的父亲是一个年份卑微的鞋匠。而当时美国的参议员大部分出身贵族，自认为是优越的上流人士，他们从未料到有一天要面对的总统是一个鞋匠的儿子。于是，有的议员想趁林肯在参议院发表演说的时候，在这一点上大做文章，以此来羞辱羞辱林肯。

在林肯刚刚走上演讲台的时候，有一位参议员就站起来，态度傲慢地说："林肯先生，在你开始演说之前，我希望你记住，你是一个鞋匠的儿子。"

所有议员都大笑起来,虽然他们自己不能打败林肯,但是有人羞辱了林肯,照样使得他们开心不已。

林肯脸色依旧很平静,等到大家的笑声停止,他才诚恳地对那个傲慢的参议员说:"我非常感谢你使我想起我的父亲,他已经过世了,我一定会记住你的忠告,我永远是鞋匠的儿子,而且我还知道我做总统永远都无法像我的父亲做鞋匠那样出色。"

参议院陷入一阵静默中,林肯接着又对那个参议员说:"就我所知,我父亲以前也为你的家人做鞋子,如果你的鞋子不合脚,我可以帮你改正它,虽然我不是伟大的鞋匠,但是我从小就跟随我父亲学会做鞋子。"然后他对所有的参议员说,"对参议院的任何人都一样,如果你们穿的那双鞋是我父亲做的,而它需要修理或改善,我一定尽可能地帮忙,但是有一件事是可以确定的,我无法像他那么伟大,他的手艺是无人能比的。"说到这里,林肯流下了眼泪,看到这样场景,所有的嘲笑停止了,代之以雷鸣般的掌声。

林肯的父亲是个鞋匠,他出身确实不好,可是经过努力,他最终成为了深受美国人民尊敬爱戴的国家最高领导人。林肯的事例说明一个道理:处低不是不能成功的理由,低处更不是走向成功的绊脚石。

人生就是一个舞台,出身的贫寒,工作的低微,所处环境的恶劣都不会成为人们扮演出色主角的障碍,也许最初的演出没有掌声,也许批评、讪笑、毁谤的语言会像石头一样向你砸来,但是,只要能像林肯一样,不以出身低微为耻,坚信自己,做好自己的

工作，并坚信任何行业都是值得尊敬的，就可能获得成功。每个人都生来平等，没有贵贱之分，只有分工的不同，不要妄自菲薄，更不要自轻自贱，要用自信、胆识与才华勇敢地把那些讥讽踩在脚下，创造自己事业的辉煌，那么，低处不仅不是前进的障碍，还会成为向上迈进的坚实台阶。

人生中的亮点需要寻找，即使上苍给了你一片贫瘠的土地，只要有雨水、阳光，就没有理由不生出冲天傲骨，即使前途被黑暗笼罩，只要前方还有一丝光亮，就没有理由用沮丧浇灭为事业奋斗的火种。置身于低处或者逆境时，不妨学一下林肯总统的胸怀，处在卑微不起眼的工作环境时，想想家田惠子，每一步的成长都是在收获成功。

只要努力工作，胸怀大志，即使现在还很不起眼，总有一天会走向成功的康庄大道。再看看这些人：周星驰原先仅仅是剧组里一个跑龙套的小角色，后来成为一代喜剧天王；李嘉诚，少时父死家贫而不得不早早辍学，后来成为华人首富；再看看古代的舜、管仲、百里奚、孙叔敖等都有身在低处的经历，可他们最终都获得了成功，类似的例子还有很多。

成功不会因为曾经处低而失去光彩，而经历过风雨的彩虹会更加绚丽。尊贵也不会因曾经的卑微而掉价，相反，以卑微起身会给迟来的尊贵镀上一层更耀眼的光芒。任何人都不必为现在的卑微而羞愧和懊恼，也不必为出身不好而沮丧和失望，重要的是能否潜下心来以较低的姿态去努力，从而走出卑微，迈向成功。

降低姿态招揽人才

看过电影《天下无贼》的人应该还能记得那句经典的台词："21 世纪，什么最重要？人才！"楚汉之争为什么刘邦能够得到最后的胜利？还是同一个原因，因为人才。其实，关键中的关键也就是一点：如何收服人心。设想一下，假如韩信没有追随刘邦，假如诸葛亮辅佐的不是刘备，那么现在人们看到的历史会是一番什么情景呢？

信陵君"窃符救赵"的典故想必很多人都听说过了，不过在这个典故的背后，还隐藏着一个魏无忌放下身份，降低姿态招揽人才、收服人心的故事。

战国时期，齐国的孟尝君、赵国的平原君、魏国的信陵君、楚国的春申君都很有贤名，四方人士前来投奔，致使每个人都养了数千个门客，为人们所称颂。人们将他们称为"战国四公子"。其中，魏国的信陵君最为敬重人才。

信陵君是魏国公子，名叫无忌。魏昭王死了以后，魏安厘王继位，加封无忌为信陵君。信陵君为人仁义谦和，从来不因为自己富贵有名而对士人有丝毫怠慢，因此，在数千里外的士人也争着来投靠他，以至于门下的宾客有好几千人。当时，中原各国也正是因为魏国的信陵君为人贤明而且门下能人众多，而不敢小看魏国。

信陵君文韬武略样样精通，曾经几次带领东方六国军队与秦

抗争，而且他卑身虚心待士，留下许多美谈，其中最为著名的，就是他低调结交大梁守门人侯嬴的故事。

侯嬴是魏国大梁的看门人，年已古稀，是个很有才华的人，但是因为平时不张扬，所以没有人知道他的能耐。信陵君听说以后，就亲自前往侯嬴家里拜访，并送给他厚礼。但是侯嬴不肯接受，并对信陵君说："我这么做已经好几十年了，从来没有受过别人的财物，也决不会因为穷困而受公子的财物。"

信陵君于是专门为侯嬴摆了丰盛的酒宴，并请了很多宾客，准备隆重地介绍他。同时，他空着车上代表尊贵的左边座位，亲自赶车去迎接侯嬴。侯嬴上了车，一点都不谦让，就直接坐在上座，想试探一下信陵君的态度。但是他发现，这时信陵君对他的态度更加恭敬起来。

马车走了一段路后，侯嬴又对信陵君说："我有一位朋友在市场里，想顺道去看看他。"

就这样，信陵君又赶着车进入了闹市，等侯嬴下车会见自己的朋友朱亥，一个杀猪匠。侯嬴一边故意长时间地跟朱亥谈话，一边注意着信陵君的表情，发现信陵君依旧和颜悦色，非常有耐心地在旁边等着。这时候，魏国的大臣贵族，名人雅士都坐满大堂，全部等着公子来开始酒宴。集市上所有的人都来观看国王的弟弟信陵君亲自为侯嬴执辔赶车，以至于信陵君的随从人员都在暗中骂侯嬴，认为他故意折腾人。好长时间以后，侯嬴见公子始终耐心地等待，没有一点不耐烦的样子，才向朱亥告辞，跟信陵君走了。

等到了信陵君家里，信陵君立刻把侯嬴请到上座，并介绍给在座的宾客，宾客无不感到惊讶。等到上过酒菜之后，信陵君便起身举杯给侯嬴祝寿。侯嬴非常感动，对信陵君说："今天太辛苦公子了，我年纪大了，还只是个大梁的看门人，却让公子亲自赶车来迎接我，还故意让公子在闹市里等我和朱亥谈话。不过我这么做也是有目的的，那就是想让公子尊敬人才的举动让其他人看得更清楚。这件事情之后，人们只会当我是小人，而越发地认为公子是个礼贤下士、尊重人才的明主。"他又说，"我所拜访的屠户朱亥也是个人才，只是他不习惯于表现，别人不知道而已。"

侯嬴果然是老谋深算，他的一番举动一方面可以试探公子能否真正尊重人才，另一方面也为公子尊重人才的行为做了一次宣传，而途中拜访朋友也另有深意。曹操和孙权的用人并不比刘备差，但是三顾茅庐的低姿态行为却让刘备的贤名为天下人传诵，成为那个时代识人才、用人才的典范。

身为领导，如果能够放低自己的姿态，把自己置于与其他人平等的氛围中，谦卑、礼貌地对待别人，那么，便多了一份收服人心的资本，可能为企业招揽到更多的优秀人才，还会使自己赢得尊重。因为人是感情动物，交往中没有人希望看到对方高高在上的姿态，而是希望能感受到对方发自内心的诚意和尊重，这不是金钱和地位所能打动的。越是谦和、低调的人，越容易为人接受，也越容易受人拥戴，信陵君如此，刘备如此，大凡获得成功、善于用人者莫不如此。

今天的低头是为了明天的成功

一个人处于劣势时，至少应该先保全自己。留得青山在，不怕没柴烧。降低姿态，低调做人不仅能保全自己，还能让别人放松警惕，这样反而更接近成功。

人们常说："人在屋檐下，不得不低头。"这句话可以理解为，人在权势、机会不如别人的时候，不能不低头退让。人处在劣势的时候，先保全自己才是最为重要的。

人的一生难免有处于劣势的时候，倘若不能低头保全自己，势必会碰得头破血流。《红楼梦》里的林黛玉，如此有个性的人，进大观园之后，也"不敢多行一步路，不敢多说一句话"，这就是因为她寄人篱下，不得不低头的缘故。

中国历史上，很多帝王将相都深谙低头自保的道理，在危险降临、处境不妙时懂得适时低头，才能最终获得成功。比如在楚汉之争中起到关键作用的韩信，就是其中的一个：

相传韩信年轻时家境不好，他本人除了喜欢排兵布阵、熟读兵书之外没有一技之长。既不会买卖经商、耕作种田，又不会溜须拍马、投机取巧。整天只顾研读兵书，弄到家徒四壁，最后连一日三餐都成了问题，只好背上家传宝剑，沿街四处流浪。

当地有个年轻气盛的莽汉素来看不起韩信这副寒酸迂腐的书生相，又见他身背宝剑，就故意当众挑衅他说："你虽然长得有模有样，又喜欢佩刀拿剑，但不过是装样子，实际上也就个胆小鬼而已。你要是不怕死，就一刀砍了我：要是怕死，就从我裤裆底下钻过去。"说完他就岔开双腿，立个马步，斜着眼睛看着韩信。周围众人也一哄而上，围着观看。

韩信认真地打量了这个莽汉一番，仔细想了一想，竟然真的弯下腰趴在地上，从那人裆下钻了过去。街上的人顿时哄然大笑，指指点点，嘲笑韩信是个胆小鬼。韩信忍气吞声，回家依旧闭门苦读。

几年后，全国各地爆发反抗秦王朝暴政的起义，韩信得到机会，决心从军。他收拾行囊，几经周折，终于得到汉王刘邦的重用，统领大军，驰骋疆场，为刘邦打败项羽，夺得天下，立下了汗马功劳。

很多人可能都不理解韩信当时的做法，但是设想一下，如果韩信一怒杀了这个莽汉，心里自然是痛快了，但结果呢？肯定是杀人偿命，就算侥幸没死恐怕也得脱层皮，哪还能有后来统兵为将、征战沙场、建功立业的机会。

放低姿态把冷板凳坐热

每个人都企盼功成名就的辉煌，但在此之前，还需要有"十年寒窗无人问"的努力，有把冷板凳坐热的耐心。放低姿态，平和心态，才会有出人头地的一天。

有一位经济学院毕业的女大学生，在一家外贸公司里面当职员。这位女大学生基础扎实，很有才学，漂亮能干，刚进公司时就很受老板赏识，人际关系处理得也很到位，同事都很喜欢她。但不知是怎么回事，她总是被放在一边。整整一年多的时间，老板从未过问她的情况，也不交给她重要的工作，更没有与她有过什么沟通，只是让她干一些不起眼的事情，对于公司来说简直是可有可无。但这个女孩并没有放弃努力，也从未抱怨过，更没有因为自己是科班出身、专业对口，而向领导讨个说法，她只是认为自己还是个新员工，做不起眼的工作，坐"冷板凳"是应该的。终于在一年后，老板找她谈话了，不但肯定了她一年多来默默无闻工作的成绩，还依据她的实际能力为她晋升了职位。

这是一个坐"冷板凳"的典型例子，这个女大学生没有放弃，她用耐心、尽职尽责的表现获得了领导的赏识。

每个人都不希望坐"冷板凳"，可是世事难料，如果没有耐心，急于求成，难保会四处碰壁。如果能够耐得住"冷板凳"上的考验，板凳就会被焐热，兴许就能把握走向成功的机会。

不管一个人的才学多么出众，运气有多么好，也不可能一辈子都一帆风顺，也有身处困境，坐"冷板凳"的时候，虽然很多时候是外部因素，但也不能排除自身的原因。当长时间坐在"冷板凳"上的时候，就应该仔细地分析一下，看看有什么原因。在工作中，一般来说，都不外乎以下几个方面：

1. 曾经犯过重大过错。现在的职场竞争很激烈，很多时候一点错误都不能犯，尤其是在关键事情上，更不能出错，否则很可能让上司或领导失去信心，因为你的错误会直接影响到他们的利益，他们当然不希望再次冒险。

2. 确实是自身能力有限。

3. 公司的考验。公司有时候很看好一个人，但是又不完全放心，就故意让他无事可做，一方面观察他的能力，另一方面又训练他的耐心。因为人有时候光有能力是不够的，还需要有坚强的毅力，持久的耐心。

4. 公司内部人事斗争的影响。每个地方都会有这些事情，所以有时候很可能就会莫名其妙地受到牵连，坐上了"冷板凳"。

5. 上司的原因。也许因为什么小事情，也许什么原因都没有，反正就是看你不顺眼，所以你就靠边站了。

另外，还有其他种种原因，总之，坐"冷板凳"一般来说都是有原因的，也可能是自身的问题，也可能是别人的原因。但是既然已经在冷板凳上了，自然不能坐以待毙，除了耐心寻找机会，还应该做到下面几点：

（1）努力学习，积极提高个人能力。在"冷板凳"上，就有了更多的时间，正是提高能力，学习知识的大好时机。等水平提高了，机遇一来自然就有了表现的空间。

（2）更加敬业。努力工作，虽然你的工作不起眼，但是端正的态度也能给人留下很深的印象。而且，已经处在"冷板凳"上了，更不能给别人留下坏印象。

（3）忍耐。耐心地把冷板凳坐热，要克制寂寞、不解、委屈、失望等情绪，这本身就是对自己性格的磨炼，韩信能忍胯下之辱，低调做人也要耐得住"冷板凳"。

（4）低调做人，处理好关系。这个时候更应该降低姿态，谦卑做人，处理好同事领导间的关系，不要显得愤愤不平，不要拿过去的辉煌说事，低调地对待每个人。

因此，所谓"冷板凳"其实并不是，只要耐得住等待，会有辉煌的一天。

低一下头路会越走越宽

　　每个人都有对自我的认识，如性格爱好、身份地位、特长缺点等，全面的认识能帮助自己更好地定位，但是自我认识有时候也会成为一种限制，往往容易形成这样的想法：我不能去做这个事情或者那个事情。自我认识越清楚，自我定位越明确的人，对自己的限制也越多，他们觉得这么做和他们的身份地位不符。

　　能屈能伸好做人，可高可低大丈夫。即使才高八斗，位高权重，家财万贯，若能放下身段，降低姿态，前面的路会更宽广，高成的可能会更大。相反，放下身段，选择的方向就会更多，路更容易走。

　　有这样一则小故事：很久以前，一位落难的王子和他的仆人逃难，风餐露宿，历经艰险，眼看就能脱离险境，但是他们盘缠用尽。这本来不是大问题，要命的是，王子认为自己不能丢了家族的尊严、血统的高贵，任仆人如何劝说，都不愿意低头向路人讨要哪怕一口水、一碗粥。有一天，在仆人乞讨归来时，发现王子已经因为饥渴死在路边。

　　实在是令人扼腕叹息啊，如果王子能够变通一下，放下王子的身份，低一下头，悲剧就很有可能避免了。

　　每个人都渴望成功，都想做出一番事业。如果还在起步阶段，如果暂时处于低谷，这时候就要放下身段，不要在乎地位，抛开学历和能力的限制，忘记过去的辉煌和成就，保持平和的心态。放下身段，做好从零开始的准备，只有这样路才会越走越宽广。

有一个青年，考上名牌大学之后，认真学习，深得老师和同学的认可，认为他将来肯定有所作为。如人们预测的一样，他确实取得了很大的成就，但是和人们想象中不一样的是，他不是在机关单位或在公司企业里成功的，而是靠摆小摊起家。

这位年轻人大学毕业以后，开始独立创业。后来听说学校附近有一个摊子要转租，就跟人借钱把它租了下来。因为他很擅长做饭，而且做一手地道的家乡菜，就自己当老板，卖起面皮来。尽管以他的才学摆小摊确实有些大材小用，但这也引来许多好奇的目光，等于是为自己做了一次免费的宣传，加上他做的面皮确实口味极佳，价格公道，因此生意非常火爆。现在他还在卖面皮，不过早就不用亲自动手了，同时还做别的生意，已经成了远近闻名的人物了。

他说过这样一句话："放下面子，路会越来越好走。"时至今天，他自己从未对自己用非所学产生过怀疑，也没有认为自己是大材小用，这也是他能获得成功的重要原因。

大学生曾经是人们心目中的天之骄子，即使是在大学疯狂扩招的今天，一个大学生去摆摊也是件非常"掉价"的事情。他如果不去卖面皮或许也会很有成就，但他能放下大学生的身份，从不显眼的摆摊做起，最后成就了自己的梦想。

身处矮檐下，低头又何妨

降低姿态，低调做人，不仅仅体现了敢于拼搏的勇气，也是个人智慧的体现。在工作中，资格老的同事，他们对工作熟悉，职务较高，自己如果能降低姿态，谦虚地向他们学习，得到他们的认同，以后的工作才会更顺利，遇到困难时也有了随时可以请教的指路人。

看看那些成功人士的经历就会发现，现在风光地站在人生金字塔顶的这些人，也有过坎坷和屈辱，也有过求人时的尴尬，也曾遭遇过无奈时的弯腰和低头，只不过他们不甘于现状，付出了比常人更多的努力，历经磨难、几经辛苦才走上成功的人生巅峰。如果硬是昂首挺胸而不肯低头，也许永远都跨不过成功的那道门槛，走不上人生的金字塔顶。相反，如果能适时地弯弯腰，低低头，跨过这道门槛，坦途也许就在眼前。

赵明曾经是一位大学英语教师，而且，在课堂上一直深受学生欢迎，后来还自己办了考试培训班。

经过这一阶段的磨炼，他下决心干一番属于自己的事业，于是他离开了曾经工作的大学校园，只身到北京去发展。到北京后，并不像他想象得那么容易，后来几经周折，到一家俱乐部工作。北京的俱乐部大多为会员制，要想有所发展，必须要大力发展会员。在这家俱乐部里，衡量一个人的工作业绩，主要是看他发展会员的多少，以及卖掉多少张会员卡。经理告诉他，在这里要想干出成绩，唯一的方法是：把会员卡卖出去，自然越多越好。

从此，赵明的生活彻底改变了，以前他是一名令人羡慕、受人尊敬的大学教师，而现在他只是一个最普通的刚入道的推销员。他没有什么关系，也不会什么推销技巧，只能采取每个推销员都用过的笨办法——扫楼。"扫楼"是推销术语，因为大大小小的公司都聚集在写字楼里，刚入道的推销员要一家一家地跑，一家一家地问。当然，不管到去哪一家公司，都要找经理以上的高级管理人员，最好是找总经理，因为一般的白领很难接受价格不菲的会员卡。

众所周知，到这种写字楼里推销，就算是最大的礼遇，公司里的秘书小姐采用冷如冰霜的客气，可以随便找个理由将推销员拒之门外。况且，在许多公司的大门上都贴有"谢绝推销，推销人员禁止入内！"的字样，在这种情况下，推销员必须拿出一副视而不见的样子，耐心、委婉地说话。

赵明也像老推销员一样，面对冷冰冰的面孔，如数家珍般地介绍俱乐部会员卡的种种好处。起初那段时间，赵明的内心十分失落，如果自己继续留在大学授课，就不会每天遭人白眼。

后来，有一个朋友跟赵明聊起他转行的事情，当时那个朋友轻描淡写地问："'扫楼'是不是很威风，一层一层，挨门逐户，就像鬼子进村扫荡一样的？"赵明听完这番话，都有一种想哭的感觉。往事不堪回首，他至今还清楚地记得"扫楼"之初的那种艰难困苦。他曾经精确地统计过，他"扫楼"的最高记录是一天内跑了几栋写字楼，"扫"了几十家公司，浑身酸痛难忍，像生了一场大病，每挪动一步都很困难。在电梯间里，他感到自己的胃里正在一阵阵痉挛抽搐，这时他才记起自己已经一整天水米未进了。

赵明利用"扫楼"这种方式推销，持续了大约一年时间后，便开始出现在俱乐部召开的各种招待酒会上。出席这类酒会的人都是些事业有成，志得意满的公司经理或成功商人，也就是人们平常所说的大款。在这里，赵明发现那些冷冰冰的面孔不见了，

尖刻刻薄的冷言冷语也不见了，出现在眼前的可能是真正意义上的彬彬有礼。他感到一下子就放开了，他知道他们需要什么，知道他们需要听什么样的劝告，这是很重要的，因为这样可以很容易就能拉近与这些人之间的距离。他的语言开始流畅起来，似乎又找回了昔日做老师的自信，仿佛带有一种难以抗拒的鼓动力。他告诉他们，俱乐部将会给他们最为优质的服务，而购买价格昂贵的会员卡，那就是一种地位、身份和财富的象征。

在一次专为外国人举办的酒会上，赵明真正找到了英雄的"用武之地"，因为他曾经是大学里一位优秀的英语教师，有一口纯正、流利的英语，这让他一下子就与那些老外们打成了一片。他曾经一个下午同时向几个老外推销会员卡，结果竟然每人都买了一张，其中有一个人还多买了一张，是送给朋友的。要知道，每张会员卡 3 万美金，而每售出一张会员卡，销售人员可以从中提取 15% 的提成。赵明一下午的收入就很容易算出来了。

赵明已经彻底不用再去"扫楼"了，在几个俱乐部之间跳来跳去，后来，他终于在一家俱乐部安营扎寨。即使是参加招待酒会，他也不用鼓动别人去买会员卡了。他有很高的学历，良好的敬业精神和销售业绩，所以，他从销售员、销售经理、销售总监一直坐到了俱乐部副总裁的位置上。但是，有一点很显然：如果没有当年的"扫楼"经历，没有那么多次的弯腰低头，没有放下大学教师的姿态，没有去做一个遭人拒绝受人白眼的推销员，是不可能成为俱乐部副总裁的。

放下架子更受人拥戴

普通人如此，领导人又有什么样的表现呢？身为国家领导人，想象中应该是前呼后拥，八面威风了吧，其实也不然。

一个领导首先是一位普通公民，其次才是政府首相。帕尔梅是瑞典平民首相，他是这么想的，也是这么做的。

帕尔梅生活简朴，与普通人没什么两样，他从家里到首相府，从不乘车，在上下班的路上不停地和过往的行人打招呼甚至闲聊。帕尔梅喜欢接近群众，同他周围的人关系也很融洽。没事的时候，他还尽可能地帮助别人，与普通的热心人一样，没有一点政府领导人的架子。

假期里，帕尔梅一家经常出去旅游，在一些常去的地方甚至和当地的居民也成了朋友。帕尔梅还喜欢一个人出门，到各种地方去找人谈话，以了解社会上的情况，听取普通人的意见。他待人诚恳、态度谦和，从来不会因为身为首相而高高在上，因而受到瑞典人民的广泛尊敬。

他虽然是政府首相，但仍和普通百姓一样，住在平民公寓里。除了正式地去国外访问或参加重要的国际活动，帕尔梅在国内外，一般都不带随行的保卫人员。只有在参加重要国务活动时，才乘坐专用的防弹汽车，配备警察保护。有时甚至独自一个人乘出租车去机场参加重要会议。

帕尔梅没有架子，跟很多普通人都有交往，最重要的交流方式就是书信。他那时候每年大概能收到一两万封来信，其中不少都是国外的普通民众写来的。为此，帕尔梅专门雇用了几个工作人员来拆阅和答复这些来信，尽可能使得每封信都得到回复。帕尔梅在任的时候，首相府的大门永远向普通人群开放。这一切都使他的形象在瑞典人民心目中日益高大，不像许多国家领导人，动辄大群保镖，前呼后拥，待人处世高高在上，让人不敢接近。

在瑞典人民的心目中，帕尔梅是一位政府首相，更是一位平民，他不但是国家领导人，更是普通民众的兄弟朋友。

一个人可能身居要职、声名显赫，也可能腰缠万贯、富可敌国，但是，终究也只是一个凡人。一位西方的哲人曾经说过："一滴水的最好去处是什么地方？那就是大海。"每个人都只是大海里的一滴水，所以，你不如放下身段，还自己一个普通人的本来面目。

对于遭遇困境的人来说，降低姿态，放下身段，抛开面子，面前的困难可能会轻松地解决掉。而对于一些相对比较成功的人来说，降低姿态，与大家平等相处，非但没有人觉得失去了面子，反而让大家更加尊重。如果公司的经理老板经常与下属的职员在一起，同吃同喝，无形之中就能提高他的亲和力，就更能使员工听上司的指挥。倘如他高高在上，不苟言笑，下属的敬畏之心有了，但是距离也远了，如此一来，不可能获得众人的爱戴。

如果一个人执著于自己的尊严和面子，落难王子那样的悲剧很可能会再度重演，如果放下身段，抛开身份，也许会发现，前面的路越走越宽；如果降低姿态，低调做人，也许在不知不觉中就会发现，自己得到的会更多。

第三章

忍让并非软弱

忍是一种学问

据科学家考证，有一种生长在马达加斯加的竹子，一亩地花期过后的种子可以高达 50 公斤。但开花结籽却要等 100 多年。竹子开花的时间因品种而不同，最短的也在 15 ~ 20 年，但这种品种的数量很少，大多数品种都在 120 ~ 150 年开花结籽一次。这种奇特的生理现象让生物学家百思不得其解。但研究出来的结果却是简单而理性的：为了它的种子不被吃掉。喜欢吃竹花竹籽的动物很少有活得过 100 年的。竹子为了一次开花结籽要等 100 多年。正是这种 100 多年的忍耐造就了生命的完美。由此可见，成功是急不来的，只有运用好了"忍"的这门学问，才可能等到拨云见日的那一天。

"忍"是众多有志之士的人生哲学。古语有，男子汉大丈夫，能伸能屈，能刚能柔，识时务者为俊杰也。一个人如果千苦可吃，万难可赴，能忍住岁月的考验，那么即使不是英雄也会忍成英雄的。

在强手如林的世界里，忍是一种韧性的战斗，是一种糊涂的做人策略，是战胜人生危难和险恶的有力武器。凡能忍者，必定志向远大。凡志向远大者，必定能够识大体、顾大局。而忍就是识大体、顾大局的表现。综观历史，能成非常之事的人都懂得忍的意义。

而在生活中，忍是医治磨难的良方。因为生活中的琐碎小事太多，一不小心就会招惹是非。所以，糊涂学提倡忍一时风平浪静；让三分海阔天空。因为，忍一时之疑，一方面是脱离被动的局面，同时也是一种意志、毅力的磨炼，为日后的发愤图强、励精图治、事业有成奠定了正常情况下所不能获得的基础。遇事三思而后行，把忍放在心头才是上策。

忍，是一种等待，为图大业等待时机成熟，忍之有道。这种忍，不是性格软弱，忍气吞声、含泪度日之举，而是高明人的一种谋略，是为人处世的上上之策。

忍让是一种修养

生活中离不开忍，英雄等待出头之日需要忍，别人打你耳光需要忍，甚至连夫妻生活也需要忍。忍中具有道德、智能，忍中具有真善美。在忍中不觉得苦，不觉得累。所以，忍是一个人生存的第一能力，能屈能伸方为大丈夫本色！生活中，我们都需要忍，都要学会忍。

那么，怎样去忍呢？答案就是学会弯曲的做人艺术。山路十八弯，水路十八盘，人生之路也必定充满了荆棘坎坷，这就决定了我们在人生旅途上不仅要有挑战困难的决心，更应具有一颗学会弯曲的心。

有一对夫妇，他们的婚姻正濒于破裂的边缘。为了重新找回昔日的爱情，他们打算做一次浪漫之旅。如果能找回就继续生活，如果不能就友好分手。

不久，他们来到一条山谷，这是一条东西走向的山谷。山谷很平常，没什么特别之处，唯一能引人注意的是，它的南坡长满松、

柏等树，而北坡只有雪松。

　　这时，天上下起了大雪。他们支起帐篷，望着纷纷扬扬的大雪，他们发现由于特殊的风向，北坡的雪总比南坡的雪来得大、来得密。不一会儿，雪松上就落了厚厚的一层雪，不过当雪积到一定的程度，雪松那富有弹性的枝丫就会向下弯曲，直到雪从枝上滑落。这样反复地积，反复地弯，反复地落，雪松完好无损。可其他的树，因没有这个本领，树枝被压断了。南坡由于雪小，总有些树挺了过来，所以南坡除了雪松，还有柏树等。

　　帐篷中的妻子发现这一景观，对丈夫说："北坡肯定也长过杂树，只是不会弯曲才被大雪压毁了。"

　　丈夫点头同意。过了片刻，两人像是突然明白了什么似的，相互拥抱在一起。

　　丈夫兴奋地说："我们发现了一个秘密——对于外界的压力要尽可能地去承受，在承受不了的时候，学会弯曲一下，像雪松一样让一步，这样就不会被压垮。"

　　大自然中的树如此，生活中的人亦如此。弯曲中蕴涵着丰富的哲理，它并不是倒下和毁灭，而是顺应和忍耐。在生活中，忍就是弯曲的艺术。

　　做人能懂得弯曲并敢于弯曲，是一种本领，更是一种境界。有这样一个小故事，两个身受不白之冤的人被关在同一所监狱。一个看到的是窗口外明亮的星星，而另一个看到的却是四周的高墙。看到星星的人甘于默默忍受困苦，而看到高墙的人终因承受不了外来的流言蜚语，在一个风雨交加的夜晚上吊了。10年后，案件水落石出，真相大白，那个看到星星的人被洗掉了冤屈，重获了自由。

可叹的是另一个悲观的人却早已命归黄泉。可见，生活中糊涂一些，懂得弯曲，也不失为大丈夫。这种弯曲不是见风使舵，不是奴颜婢膝，不是昧上欺下，相反，它是另一种意义的人格和超脱。

懂得弯曲，是为了不折断正直。有时候，适当的弯曲是一种理智。弯曲不是妥协，而是战胜困难的一种理智的忍让。弯曲不是倒下，而是为了更好、更坚定地站立。弯曲不是毁灭，而是为了退一步的海阔天空，是为了让生命锻炼得更坚强。

生活中，做人做事需要一点弹性空间，这也是糊涂学的一个道理。否则，一味地硬挺，你自己累，身边的人也累。而适当地弯曲一下，也许你一时难以解决的问题就会在你躬起的脊背上悄然滑落。

忍让是一种智慧

忍让不仅是人生的美德，也是一种智慧的体现。

《尚书》中说："必须有忍，才能成事。"陶觉说："大凡是英雄豪杰，必然有很大的气度。张良圯上进履，韩信市中钻胯，都是一个忍字，不是平常的人能做到的。"

明朝苏州城里有位尤老翁，开了间典当铺。一年年关前夕，尤翁在里间盘账，忽然听见外面柜台处有争吵声，就赶忙走了出来。原来，是一个附近的穷邻居赵老头正在与伙计争吵。尤翁一向谨守"和气生财"的信条，先将伙计训斥一通，然后再好言向赵老头赔不是。

第三章　忍让并非软弱

可是赵老头板着的面孔不见一丝和缓之声，靠在一边柜台上一句话也不说。挨了骂的伙计悄声对老板诉苦："老爷，这个赵老头蛮不讲理。他前些日子当了衣服，现在他说过年要穿，一定要取回去，可是他又不还当衣服的钱。我刚一解释，他就破口大骂，这事不能怪我呀。"

尤老翁点点头，打发这个伙计去照料别的生意，自己过去请赵老头到桌边坐下，语气恳切地对他说："老人家，我知道你的来意，过年了，总想有身儿体面点儿的衣服穿。这是小事一桩，大家是抬头不见低头见的熟人，什么事都好商量，何必与伙计一般见识呢？你老就消消气吧。"

尤翁不等赵老头开口辩解，马上吩咐另一个伙计查一下账，从赵老头典当的衣物中找四五件冬衣来。尤翁指着这几件衣服说："这件棉袍是你冬天里不可缺少的衣服，这件罩袍你拜年时用得着，这三件棉衣孩子们也是要穿的。这些你先拿回去吧，其余的衣物不是急用的，可以先放在这里。"赵老头似乎一点儿也不领情，拿起衣服，连个招呼都不打，就急匆匆地走了。尤翁并不在意，仍然含笑拱手将赵老头送出大门。

没想到，当天夜里赵老头竟然死在另一位开店的街坊家中。赵老头的亲属乘机控告那位街坊逼死了赵老头，与他打了好几年官司。最后，那位街坊被拖得筋疲力尽，花了一大笔银子才将此事大事化小，小事化了。

事情真相很快透露了出来，原来赵老头因为负债累累，家产典当一空后走投无路，就预先服了毒，来到尤翁的当铺吵闹寻事，想以死来为亲属敲诈点儿钱财。没想到尤翁一味忍让，他只好赶快撤走，在毒性发作之前又选择了另外一家。

事后，有人问尤翁凭什么料到赵老头会有以死来作讹的这一手，从而忍耐让步，避开了这一灾祸。

尤翁说："我并没想到赵老头会走到这条绝路上去。我只是根据常理推测，若是有人无理取闹，那他必然会有所倚仗。如果我们在小事情上不忍让，那么很可能就会变成大的灾祸。"

可见，忍让是换来平安的法宝，是免去灾祸的良方。忍让绝不是胆怯、懦弱，而是具有丰富积淀的大智慧。

要善"忍"一时之辱

俗话说："人生不如意事十之八九。"的确，人生不能事事都顺我们的心意，想要生存在这个变化无常的世界里，其中首要的一条就是要善于"忍"。

历览古今中外，大凡胸怀大志，目光高远的仁人志士，无不大度为怀，置区区小利于不顾，而拥有一种忍耐的优良品质。

其身处逆境中最忌讳的反应是：第一，意志消沉；第二，焦躁不安；第三，盲目挣扎。若是犯了这三项大忌中的任何一项，则不仅无法自逆境中解脱，反而会坠入万劫不复的深渊之中。

最关键的是要沉着地等待时机，就像《菜根谭》中所讲的那样，"伏久者飞必高，开先者谢独早，知此，可以免蹭蹬之忧，可以消躁急之念。"长久潜伏林中的鸟，一旦展翅高飞，必然一飞冲天；迫不及待绽开的花朵，必然早早凋谢。了解这个道理，就会知道凡事焦躁是无用的，身处横逆之中，只要能在忍耐中储备精力，重展身手的机会一定会来临，所以，能够持久地忍耐是最重要的。只有抱着这种信念，才会跑完人生这段漫长的旅程。

春秋时，越王勾践被吴王夫差打败，退守到会稽山上。越国要求跟吴国讲和，吴国的条件是要勾践夫妇到吴国给夫差当仆役，勾践答应了。

勾践将国事托给大夫文种，让大夫范蠡随他夫妇前往吴国。到了吴国，他们住在山洞石屋里。夫差每次外出，勾践就亲自为他牵马，有人指责他，他不在乎，而是低头顺眼，始终表现出一副驯服的面孔，很讨夫差的欢心。

一次，夫差病了，勾践在背地里让范蠡预测一下，知道此病不久就会好，他就亲自去见夫差，探问病情，并亲口尝了尝夫差的粪便，向夫差道贺，说他的病很快就会好的。夫差问他怎么知道。勾践就胡编说："我曾经跟名医学过医道，只要尝一尝病人的粪便，就能知道病的轻重。刚才我尝了大王的粪便，味酸而稍微有点苦，用医生的话说，是得了时气之症，所以病很快会好，大王不必担心。"果然不几天，夫差的病就好了。夫差认为勾践比自己的儿子还孝顺，深受感动，就把勾践放回国去。

越王深为会稽之耻而痛苦，一心伺机报仇。他睡不好觉，吃不好饭，不亲近美色，不看歌舞。他苦心苦力，对内爱抚群臣，对下教养百姓，经过三年，百姓都归顺了他。

为了更好地笼络群臣百姓，每当有甘美的食物，如果不够分，自己不敢独吃；有酒把它倒入江中，与人民共饮。勾践靠自己耕种吃饭，靠妻子亲手织布穿衣，吃喝不求山珍海味，衣服不穿绫罗绸缎。为了坚持锻炼自己的斗志，不过舒服的生活，勾践连褥子都不用，床上铺的是茅草，还经常预备一个苦胆，随时尝一尝苦味，以不忘所受之苦。他还经常外出巡视，随从车辆装着食物，去探望孤寡老弱病残，并送给他们食物吃。然后，他召集诸大夫，向他们宣告说："我准备和吴国开战，拼以死活，希望士大夫踏肝践肺同日战死，我跟吴王颈臂相交肉搏而亡，这是我最大的愿望。如果这些办不到，从国内考虑估量我们的国力不足以损伤吴国，从国外考虑结盟的诸侯也不能毁灭它，那么，我将抛弃国家，离开群臣，身带佩剑，手举利刃，改变容貌，更换姓名去当仆役，拿着箕帚侍奉吴王，以便找机会跟吴王决战。我虽然知道这样做危险很大，要被天下人所羞辱，但是我的决心已定，一定要想办法实现！

后来，越国终于与吴国在西湖决战，吴国军队大败，越军包围了吴王的王宫，攻下城门，活捉了夫差，杀死吴国宰相，两年后，越国称霸诸侯。

《论语》中有一句人人皆知的名言："小不忍则乱大谋。"对于日常的琐碎之事，不必去斤斤计较。对在大事业之前的小事若无法忍受，将无法成就伟大的理想。

对人要善于以德报怨

在人们相处的时候，遭受伤害是难免的。而聪明人总是采取以德报怨的方法，一方面可以消除对方的仇恨情绪，使其反省自

己的行为；另一方面也可以使自己在行为上处于有利的一方，使舆论和群众都支持自己。

对于政敌的攻击和为难，应该采取怎样的办法去处理呢；聪明的政治家常能够以博大的胸怀和以德报怨的策略去轻易化解它，罗斯福总统在这方面就是一个老手。

罗斯福当纽约州州长的时候，发生过一件很精彩的事，就是他和各党派的首领们合作，完成了他们最不赞成的改革行动。且看他的做法：

"首先，当他们任命一些重要的职务时，就请各人推选候选人。最初他们所提的人选，大都是各党派中令人瞩目的人物，但我知道他们极难得到议会的同意。"

"于是，他们第二次推举，选出的人在各党派中各有其地位。我仍然请他们考虑有没有更适当的人选，免得送交议会时被打回票。"

"第三次他们推出比较合适的人时，我向他们表示诚挚的谢意，感谢他们的协助，但请他们再仔细地考虑一下。"

"第四次的人选和我心目中所预期的名单非常接近。我再一次向他们道谢后，就发表候选名单，请议会行使同意权。这种做法的目的就是把功劳都归于他们。我对他们说：'因为你们的缘故，我决定让这几位担任这重任，我希望你们能对我有所交代。'"

罗斯福所使用的方法是不理会对方的攻击，而真诚地请教对方，尽量采用对方的意见。实际上，政敌们也为罗斯福以德报怨的胸怀所感动。他们为了讨好罗斯福，对于政府所提出的法案都表示支持，最后终将获得双方一致同意而解决。

一次，某议员批评林肯总统对敌人的态度，"你为什么要试图跟他们做朋友呢？"他质问道，"你应当试图去消灭他们。"

"我难道不是在消灭我的敌人吗？"林肯温和地说，"当我使他们变成朋友的时候。"这就是林肯总统的宽大胸怀和他以德报怨的政治策略。

以德报怨不仅用在政治方面，也可以延伸到我们生活的每一个角落。有一个很普通的商业事件，一个顾客欠了迪特毛料公司15美元。一天，这位顾客愤怒地冲进迪特先生的办公室，说他不但不付这笔钱，而且一辈子再也不花一分钱购买迪特公司的东西。迪特先生让他耐心地说了个痛快，然后对他说："我要谢谢你到芝加哥告诉我这件事。你帮了我一个大忙，因为，如果我们的信托部门打扰了你，他们就可能也打扰了别的好顾客，那就太不幸了。相信我，我比你更想听到你所告诉我们的话。"

这个顾客做梦也没有想到会听到这些话。迪特先生还要他放心，告诉他说："我们会把这笔账一笔勾销的。你是一位非常细心的人，只有一份账目要管，而我们的职员则要照顾好几千个账目。比起他们来，你不太可能出错。既然你不能再向我们买毛料，我就向你推荐一些其他的毛料公司。"

结果，这个顾客又签下了一笔比以往都大的订单。他的儿子出世后，他给起名为迪特。后来，他一直是迪特公司的朋友和顾客，直到去世为止。

在日常生活中，有时难免遭到伤害。此时，用何种态度处理就能真正看出一个人的道德水准和文化修养。以怨报怨是动物也懂得的简单道理，以牙还牙，以毒攻毒，虽然可以解一时之气，

却难以平息由此产生的严重后果，结果总是导致仇人增多友人减少，因此，对人要以德报怨。

要善于以柔克刚

自以为是的人，常会被盲目自信所困，所以，以刚克刚是他们小聪明的表现。真正的强者常善于以柔克刚，此可谓真智慧！

有句俗语叫"四两拨千斤"，讲的正是以柔克刚的道理。俗话说："百人百心，百人百性。"有的人性格内向，有的人性格外向，有的人性格柔和，有的人则性格刚烈，各有特点，又各有利弊。纵观历史，我们不难发现，往往刚烈之人容易被柔和之人征服利用。为人处世更善于以柔克刚。

大凡刚烈之人，其情绪颇好激动，情绪激动则很容易使人缺乏理智，仅凭一股冲动去做或不做某些事情，这便是刚烈人的优点，恰恰也是其致命的弱点。

俗语说："牵牛要牵牛鼻子，打蛇要打七寸处。"应以己之长。克其之短，对待刚烈之人如果以硬碰硬，势必会使双方共同失去理智，头脑发热，做事不计后果，最终，各有损伤，事情也必然闹砸。反倒是过犹不及，悔之晚矣。

倘若以柔和之姿去面对刚烈火爆之人，则会是另一番局面，恰似细雨之于烈火，烈火熊熊，细雨濛濛，虽说不能当即将火扑灭，却有效地控制住了火势，并一点点地将火灭去。但若暴雨一阵，火灭去，又添洪水泛滥之灾，一浪刚平又起一浪，得不偿失。

春秋末期，郑国宰相子产在治理国家方面采用的就是以柔克刚的方法。

子产为政刚柔并济，以柔为上，柔以制刚。郑国是一个小国。国力甚弱，要想在大国林立的空间求得生存，增强国家的实力刻不容缓。子产提倡振兴农业，兴修农事，同时征收新税，以确保有足够的军费供应和给养。

新税征收伊始，民众怨声四起，沸沸扬扬，甚至有人扬言要杀死子产，朝中也有不少朝臣站出来表示反对。子产毫不理会，也不作过多的解释，而是耐心等待事态的发展。他说："国家利益为重，必要时自然要牺牲个人利益，服从国家利益。我听说做事应当有始有终，不能虎头蛇尾。有善始而无善终，那样必然一事无成，所以，我必须将这件事做完。"

新税照常征收，而由于他还采取了振兴农业的办法，很快农业发展，民众由怨到赞，众人宾服。

子产在各地遍设乡校，因乡校言论自由，有些对政治不满的人往往把乡校作为论坛进行政治活动。有人担心长期下去会影响统治，建议取缔；子产却说："这是没有必要的，百姓劳累一天，到乡校中发发牢骚，评谈政治实乃正常。我们可以作为参照，择善而从，鉴证得失；若强行压制，岂不如以土塞川，暂时或许会堵住水流，但必将招来更猛的洪水激流，冲决堤坝；那时，恐怕就无力回天了，若慢慢疏导，引水入渠，分流而治，岂不更好？"

众人皆服，子产正是采用了以柔克刚的做事之道。

有些自作聪明者，往往盲目自信，以为以刚克刚，无往而不胜。大家知道，做人办事不能简单粗暴，而是学会从大处着眼，以柔克刚。这好比一块巨石如果落在一堆棉花上，则会被棉花轻松地包在里面。以刚克刚，两败俱伤，以柔克刚，则马到成功。

善于对待"明暗有别"

不管你是哪一种人，总会面对一些同僚的咄咄逼人之势，无论我们怎样忍让，怎样闪避都无济于事，已经走投无路，作为善做人者，你总是无时无刻都承受着来自"明暗有别"者的威胁。下面这则寓言故事，生动地说明了狐狸施展"明暗有别"之计，制造假相终于吃到了天鹅肉。

天鹅飞得很高，狐狸对天鹅肉垂涎三尺，却毫无办法。但是天长日久，狐狸终于吃到了天鹅肉。这是动物世界的真实现象。

夕阳西下，夜幕降临，一群天鹅有组织地成双成对地偎依在沙滩的草丛里，美美地睡觉。哨兵天鹅忠实地站在岗哨位置上，一有异常情况便发出警报。如有鹰类进攻，他们便群起反抗，张开翅膀扑打，并用坚硬的喙去反击。

一只对天鹅群进攻多次失败的狐狸，总结了经验。它趁着夜色，悄悄地向沉睡的天鹅群摸去。草发出了轻微的沙沙声，天鹅哨兵仍然发现了异常，立即发出警报，一声长鸣，群鹅立即惊醒，互相呼唤，做好准备。然而，狐狸就地扑倒，一动不动，连大气也不出。天鹅群以为没有敌人，虚惊一场，便又各自睡觉去了。

狐狸明白了，它可以用这种办法疲劳和麻痹天鹅。于是，它用自己的尾巴摇了摇，又把草打响了，天鹅哨兵又发出警报，天鹅群再次从沉睡中惊醒。狐狸还是一动不动，天鹅群又认为是虚惊一场，对天鹅哨兵的警报逐渐不以为然。第三次，当狐狸再次拨动草响时，尽管天鹅哨兵仍然发出警报，天鹅们却懒洋洋地不当一回事了。天鹅对警报失去了信任，如此多次，当狐狸轻轻走向熟睡的天鹅时，它走路的响声引起哨兵的警报，但天鹅已经完全不理睬这种警报了。于是，狐狸迅速一口咬住那只半醒半睡的天鹅脖子，那只天鹅疼得怪叫起来，群鹅这才发现敌情是真的，惊慌逃去，留下了这只同伴给狐狸做了美餐。

以上事例虽然是动物之间的游戏，可它对我们做人也有一定借鉴意义。你可以比过去多警惕一些，提防那些制造假相的"狐狸"。

虽然绝大多数"明暗有别"者都是隐性的，都是你很难觉察到的，而且多数来自于你的同僚。许多同僚对你的态度很和顺，有说有笑，你甚至把他们当作了自己最亲近的人，把自己的所有情况，包括欢乐和悲伤、喜好和憎恶，都毫无保留地告诉了他们。但是，这些人往往并不会对你抱以真心，反而透彻明晰地了解你，洞悉你的弱点并作为打垮你的利器，从而把他们潜在威胁的你清除掉，这才是他们的目的。所有的一切都是一个圈套，直到你被他们打得落花流水，地位全无，一直沉浸在畅想之中的你才会如梦初醒。

实战中在暗地里互相拆台使绊的现象此起彼伏。如果你想成为一个真正善做人者，那么你就要有能力洞察别人是不是对你在明里陪笑，暗里藏刀。要记住，这个世界并不是总充满着温馨怡人的亲情和友情，还有许多时间和场合里充斥着伪情和欺骗。不

要将自己的底细轻易地向人和盘托出，那样会被居心不良的人当成击败你的利器。

围绕在你周围的有很多人，都表现得对你非常友善，肝胆相照，并且信誓旦旦地要和你一起合作，共同创造一片新天地。面对这种情况，你也许会无所适从，因为你无法确定哪一个是真的，哪一个是假的。但是，如果你真正地观察体验，真假还是很容易鉴别出来的。

需要掌握的方法在于：

1. 对方在倾听你的诉说的时候是报以真诚的同情和感慨呢，还是目光闪烁，有时会出现若有所思的样子呢？如果是后者，那么，对方很有可能是一个居心叵测的人。当然，这需要你去仔细观察他的言行并注视他的眼睛。

2. 仔细地回想一下，当你有意无意地想结束自己倾诉的时候，他是不是很巧妙地利用一些隐蔽性极强的问题重新打开你的话匣子呢？而且，你随后所说的内容又恰恰是容易被别人利用的东西。

3. 如果你偶然得知有人总是在不经意之中向你所亲近的人打听一些有关于你的消息，那么，你最好疏远他们。

4. 有些笑容并不是很自然，而像是从脸皮上挤出来的。有时你觉得并没有丝毫可笑的地方，而对方却能够笑起来，这种人要适当地多加小心提防。

这样，了解哪些人将会对你产生不利之后，一方面你可以尽量避开他们，少做正面接触；另一方面你也可以方法活用，以其道治其人，与之周旋，掌握他们的一些情况，而后再设法把他们清除。

善忍才能赢天下

人非圣贤，谁都无法甩掉七情六欲，离不开柴米油盐，即使遁入空门，"跳出三界外，不在五行中"也还要"出家人以宽大为怀，善哉！善哉！"不离口，也有是非曲直，能分青红皂白。所以，要成就大业，就得分清轻重缓急，大小远近，该舍的就得忍痛割爱，该忍的就得从长计议，从而实现理想宏愿，成就大事，创建大业。

在中国历史上，刘邦和项羽在称雄争霸，建功立业时，其实就是在"忍小取大，舍近求远"上见出高下，决出雌雄的。这是一种"忍"功的较量。谁能够"忍小取大，舍近求远"，谁就得天下，称雄于世；谁若刚愎自用，小肚鸡肠，谁就失去天下，一败涂地。

宋代著名文学家苏东坡在评论楚汉之争时就曾说：汉高祖刘邦所以能胜，楚霸王项羽所以失败，关键在于能忍不能忍。项羽能伸不能屈，白白浪费自己百战百胜的勇猛；刘项之争，从多方面说明了这一点。刘邦所以成大业，是因为他懂得忍他人之言，忍个人享乐，忍一时失败，忍个人意气；而项羽气大，什么都难忍难容，不懂得"小不忍则乱大谋"的道理，大业未成身先亡，可悲可叹！

下面几件事足以说明刘邦与项羽的不同：

楚汉战争之前，高阳人郦食其拜见刘邦，献计献策，一进门

看见刘邦坐在床边洗脚，便不高兴地说："假如您要消灭无道暴君，就不应该坐着接见长者。"刘邦听了斥责后，不但没有勃然大怒，而是赶忙起身，整装致歉，请郦食其坐上座，虚心求教，并按郦食其的意见去攻打陈留，将秦积聚的粮食弄到手。刘邦围困宛城时，被困在城里的陈恢溜出来见刘邦，告诉他围城与攻城都不如对城内的官吏劝降封官，这样化敌为友，就可以放心西进，先入咸阳为王。刘邦采纳了他的意见，使宛城不攻自破。

与刘邦容忍的态度相反，项羽则刚愎自用，自以为是。一个有识之士建议项羽在关中建都以成霸业，项羽不听。那人出来发牢骚："人们说'楚人是沐猴而冠'！"结果项羽知道了，大怒，立即将那人杀掉。楚军进攻咸阳时到了新安，只因投降的秦军有些议论，项羽就起杀心，一夜间把20多万秦兵全部活埋，从此残暴名闻天下。他怨恨田荣，因此不封他，而立齐相田都为王，致使田荣反叛。他甚至连身边最忠实的范增也怀疑不用，结果错过了鸿门宴杀刘邦的机会，最后气走范增，成了孤家寡人。

刘邦也不是不食人间烟火的圣人，据《史记》记载，刘邦在沛县乡里做亭长时，好酒好色。当刘邦军进了咸阳，将士们纷纷争着抢着去找皇宫仓库，往自己的腰包里揣金银财宝时，刘邦自己也曾被阿房宫的富丽堂皇和美貌如天仙的宫女弄得眼花缭乱，有些迈不动步了。但在部下樊哙"沛公要打天下还要当富翁"的提醒下，立时醒悟，忍住了贪图享乐的念头，吩咐将士封了仓库和宫殿，带着将士仍旧回到灞上的军营里。并约法三章，对百姓秋毫无犯，这就使他赢得了民心，得到了民众的支持。

而项羽一进咸阳，就杀了秦王子婴，烧了阿房宫，收取了秦宫的金银财宝，虏取宫娥美女，据为己有，并带回关东，相比之下，他怎能不失人心呢？

　　楚汉战争中，刘邦的实力远不如项羽，当项羽听说刘邦已先入关，怒火冲天，决心要将刘邦的兵力消灭。当时，项羽40万兵马驻扎在鸿门，刘邦10万兵马驻扎在灞上，双方只相隔40里，兵力悬殊，刘邦危在旦夕。在这种情况下，刘邦能做到"得时则行，失时则蟠"。先是张良陪同去见项羽的叔叔项伯，再三表白自己没有反对项羽的意思，并与之结成儿女亲家，请项伯在项羽面前说句好话。然后，第二天一清早，又带着张良、樊哙和一百多个随从，拿着礼物到鸿门去拜见项羽，低声下气地赔礼道歉，化解了项羽的怒气，缓和了和项羽的关系。表面上看，刘邦忍气吞声，项羽挣足了面子，实际上刘邦以小忍换来了自己和军队的安全，赢得了发展和壮大力量的时间。甚至是当自己胸部受了重伤时，刘邦也能忍着伤痛，在楚军阵前故意弓着腰，摸着脚，骂道："贼人射中了我的脚趾。"以麻痹敌人，回到自己大营后又忍着伤痛巡视军营，稳定军心。他对不利的条件的隐忍，对暂时失败的坚忍，反映了他对敌斗争的谋略，也体现了他巨大的心理承受力，这是成就大业者必备的一种心理素质。

　　相比之下，项羽则能伸不能屈，赢得起而输不起，所以连连中计，听到"四面楚歌"就怀疑楚被汉灭，结果一败涂地，自己先大放悲歌；被刘邦追到乌江时，一亭长要用船送他过河，他却认为"天要亡我，我渡过去有什么用？"自动放弃了重整旗鼓，卷土重来的唯一机会，拔剑自刎而死。这个勇武过人、不可一世的楚霸王，最终被自己打败。可怜的是，他至死也没明白，他首

第三章　忍让并非软弱

先是输在自己能伸不能屈的性格手里。

刘邦之所以能战胜项羽，还在于刘邦能从大局出发，能忍一时之气，而项羽不能。有时政治上的得失，军事上的胜负，就在于一念之间，能不能忍住。刘邦被楚围困在荥阳时，韩信的使者到了。刘邦以为一定是韩信发兵救援的消息，没想到打开信一看，是韩信要求刘邦给封一个假齐王的封号，这下刘邦可气坏了，大骂"我被困在这里，日夜盼你发兵援救，你不来救，竟要自立为王……"骂到这里，站在旁边的张良、陈平赶紧踩了他一脚，接着对他耳语："如今你正处在困境中，怎能禁止韩信称王呢？既然禁止不住，何不就势封他为齐王，好好待他，让他好好地守住齐地，不生二心，不这样，恐怕韩信就要反叛。"刘邦听了，立即将怒气忍了回去，改口说："大丈夫兴兵平定诸侯各国，要做就做真王，为什么要做假王呢？"于是，派张良持诏书前往，立韩信为齐王，并调韩信的兵来打楚军，结果扭转了形势，使自己由处于不利地位变为有利地位。终于借韩信兵力夺得了天下。如果刘邦不忍这一时之气，恐怕这段历史就要重写了。

耐住性情，能屈能伸

明人吕坤早在四百多年前就说过："忍、激二字是福祸关。"所谓忍是忍耐，激是激动。两者不同之处在于能不能克制，能忍住就是福，忍不住就是祸。所以要认真把好这一关。清人傅山也说过：愤怒正到沸腾时，就很难克制住，非"天下大智大勇者"

不能做到。的确，人都有七情六欲，难免因情绪激动而愤怒，但是，人们还是要尽量地控制这种情绪，做一个低调处世的大智大勇者，因为有句话叫"小不忍则乱大谋"，只有在处理事情时，懂得克制和忍耐，才能成就一番大事业。

忍耐是大智者所为，它是一种生存智慧。在中国历史上大凡有智慧的人在面临危险时，都能冷静地面对，适时地忍耐、退步，化解险情，求得生存，然后再伺机而动，取得胜利。

唐代宰相娄师德的弟弟要去代州都督府上任，临行前，娄师德对弟弟说："我没多少才能，现位居宰相，如今你又得州官，得的多了，会引起别人的嫉恨。该如何对待？"他弟弟回答说："今后如果有人往我脸上啐唾沫，我也不说什么，自己擦了就是。"娄师德说："这正是我担心你的。那人啐你，是因为愤怒，你把它擦掉了，这就是抵挡那人怒气的发泄。唾沫不擦自己也会干的，倒不如笑而接受为好。"

娄师德兄弟的这番谈论，有打比方、开玩笑的成分，其中意思就是要忍耐，要退让，不要去和对方"针尖对麦芒"。不然，就会更加激怒对方，使矛盾尖锐化，带来更严重的后果。

汉初名臣张良，年轻时外出求学，有一次在去求学的路上，遇见了一件非常难忘的事：

他在下邳桥上遇到一个穿着粗布衣服的老人，这位老人半闭着眼睛坐在桥上，见张良过来，他拿起一只鞋子扔到桥下，冲着张良说："小子，下去给我把鞋捡上来！"张良听了一愣，本想发怒，因为看他是个老年人，就强忍着到桥下把鞋子捡了上来。老人说："给我把鞋穿上。"张良想，既然已经捡了鞋，好事做到底吧，就跪下来给老人穿鞋。老人穿上后笑着离去了。一会儿又返回来，对张良说："你这个小伙子可以教导。"

于是约张良再见面。这个老人在几日后的见面中给张良传授了《太公兵法》。后来，张良从这本书上学到了丰富的知识，最终促使他成为了一代良臣。

老人考察张良，就是看他有没有遇辱能忍的自我克制的修养，有了这种修养，"孺子可教也"，今后才能担当大任，处理各种复杂的人际关系和艰巨的事情，才能遇事冷静，知道祸福所在，不意气用事。我们在平时也要注意这种修养，忍住性情，能屈能伸。

忍让才能拥有更多的空间

美国著名大亨洛克菲勒就曾遇到过这样一件事儿：

在他的办公室里，有一天，一位不速之客突然闯进来，直奔他的写字台，用拳头砸着桌子，大发雷霆道："洛克菲勒，我恨你，我有绝对的理由恨你。"接着，那位不速之客用最难听的话谩骂他长达 10 分钟之久。

办公室的员工非常气愤，以为洛克菲勒一定会拿东西揍他，或者是请保安轰他走。但洛克菲勒没有这样做，他停下手中的工作，用和善的眼光注视着这个人，而且越来越和善。

那个无理取闹的人被弄得莫名其妙，反而不知该如何是好，他以前所设想的过程都没有发生——洛克菲勒没有反驳他，没有骂他，他所想到的反驳洛克菲勒的话语也没有用了。

这位不速之客在洛克菲勒的桌子上敲了几下，仍然得不到回应，只能索然无味地离去。洛克菲勒就像根本没有什么事情发生一样。

当其他人做一些不可理喻的事情时，我们不必为此折磨自己，不屑于理睬他比什么都强。正所谓：忍让，让我们拥有更多的时间和空间。

在我们人生的履历中，会遇到许多的挫折和麻烦，我们应学会自如地处理好这一切，用"忍"的心态和办法来处理，或许不失为一种良好的选择。

别人对你的刻薄，其实就是生活对你的试验：考验你的心志和毅力。正是这样长期而且反复地磨炼，才使得我们更勇于正视现实，接受挑战，进而机会也就随之而来了。在"忍"的状态下，对你心志的磨炼，对你毅力的考验都是大有裨益的。

善以"忍"字为上

能忍得旁人所难以忍受的东西，才能使自己能屈能伸，不断地积蓄力量，增强忍耐力和判断力，这样才能为将来事业的成功积累资本。

宋代苏洵曾经说过："一忍可以制百辱，一静可以制百动。"这就是说"忍"可以抵抗千军万马，可以说是"忍小谋大"的策略。诸葛亮对孟获七擒七纵，忍住仇恨，并且是一忍再忍，终于以自己的忍让制服了叛军，保住了国家的安宁与和平。

　　孟获是三国时蜀国南方少数民族的首领，率众起兵反叛，诸葛亮奉命率兵去平定。当诸葛亮听说孟获不但作战勇敢，而且，在南中各个地区的部族人民中很有威望，想到如果把他争取过来，就会使蜀国有一个安定的大后方。于是，下令对孟获只许活捉，不得伤害。当蜀军和孟获的部队初次交锋时，诸葛亮授意蜀军故意退败，引孟获追赶。孟获仗着人多势众，只顾向前猛冲，结果中了蜀军的埋伏，被打得大败，自己也做了俘虏。当蜀军押着五花大绑的孟获回营时，孟获心知此次必死无疑，便刁钻使横，破口大骂。谁知一进蜀军大营，诸葛亮不但立即让人给他松了绑绳，还陪他参观蜀军营寨，好言劝他归降。孟获野性难驯，不但不服气，反而倨傲无礼，说诸葛亮使诈。诸葛亮毫不气恼，放他回去，二人相约再战。

　　孟获跑回去之后，重整旗鼓，又一次气势汹汹地进攻蜀军，结果又被活捉。诸葛亮劝降不成，又一次把孟获送出大营。孟获也是个犟脾气，回去又率人来攻并同时改变进攻策略，或坚守渡口，或退守山地，却怎么也摆脱不了诸葛亮的控制。一次又一次遭擒，一次又一次被放。到了第七次被擒，诸葛亮还要再放，孟获却不肯走了，他流着泪说："丞相对我孟获七擒七纵，可以说是仁至义尽，我打心眼里佩服，从今以后，我绝不再提反叛之事。"

　　孟获回去之后，说服各个叛乱部落全部投降，南中地区重新归属蜀汉控制。自此，蜀国的大后方变得稳定，南方各族人民也得以休养生息，安居乐业。

　　常言说，事不过三。忍让一次两次都可以，再三再四就有些按捺不住。可是诸葛亮却为了自己后方的稳定，而对孟获捉了放，放了捉，耐着性子忍下去，并没有因为孟获的行为而放弃，诸葛亮之所以这样做，就是想以德服人，使孟获心悦诚服，下定决心不再叛乱。这就能够使自己获得一个稳固安定的大后方，使国内人民免于战乱之苦，同时，也能逐渐积蓄力量以对付魏、吴的觊觎和侵略。如果诸葛亮对孟获的傲慢失礼和不识时务无法忍耐，抓住之后一刀杀掉，那也就只能出一时之气，反而会激起其他族人的敌忾，竟起效尤，那么，他不但会对此疲于应付，而且会因无暇他顾而使曹魏和东吴有机可乘，丢了天下。所以，忍与不忍的区别在于，不忍只能发一下眼前怨气，忍却能得到长远利益的回报。善忍者，可"以逸待劳"，轻松达到目的。

做人必须善忍，才能不把矛盾立即撕开，或者说，只要你把握有道，不贸然攻击，就可以由弱变强，由小变大。如果不知把握时机，非得弃弱逞强，到时非但不能实现自己的目标，反而会输个一塌糊涂。历来成功的从政者都知道"忍"字是传家宝，能忍者方能伺机待时，等到自己有足够的力量与对手抗争时方猛地反击，定能一战而胜。

忍是一种韧性的战斗

忍学是中国人的处世之道，是中国两千多年来的儒家思想的精髓。中国历史上的许多成名人物都是靠忍字而成大业的。现代世界上许多在事业上非常成功的企业家、金融巨头亦将忍字奉为修身立本的真经，均在自己家中、办公室中悬挂着巨大的忍字条幅……可以毫不夸张地说，忍学是世界上成功的企业家、政治家、军事家、外交家、科学家的必修之课。

忍，是一种韧性的战斗，是战胜人生危难的有力武器。

为什么要提倡"忍"呢？这是根据某些事物的具体情况来决定的。有的时候，你处于十分尴尬的境地，无论你怎么努力，成效似乎都不大。被你一直信奉不疑的"一分耕耘，一分收获"似乎不再有效，这就好比手中拿着一万块钱却想通过自己的精心测算、分析来撼动股市一样。此时，你所做的最好策略就是不要凭着自己的"蛮劲"，一味地相信自己的判断，投入到某些前途极端凶险的股票中，相反，若你退一步，静观一下股市变化，先求其次，买一些绩优股，待选定时机再东山再起，投入到选中的冷门中，这时你才能真正获得成功。

忍一时，风平浪静；退一步，海阔天空。这句古话的意思是让我们在某些特殊情况下不要一味使用莽劲去碰壁，而应该分析局势，做出某些以退为处世之道进的决策。

1. 忍性好能做大官

这是古今官场普遍认可的道理。如果在上司面前不能忍，遇事就仿佛对待路人那样粗暴顶撞，绝对不可能做成大官。古代的相命学在某些角度来看不无道理。一个脸大耳圆、嘴角上翘的人夸他日后做大官八成有道理，因为，这种人一看就是个和事佬，他们绝对不会在非原则的事上和上司争得面红耳赤，也不会为上司的一点点小脾气而大动肝火，四平八稳的他们往往能以最省事的办法登上权力的高峰。

2. 忍能赚大钱

这是在商海中遨游多年的人们常挂在嘴边的一句话。多年来，他们一直坚信，在自己有求于人的时候，一定要付出代价，这个代价就是忍字带来的后果：有时候，从银行贷款，就硬是要忍住审查人员的吹毛求疵。与老板谈生意，稍一不忍就可能损失一笔大钱。如果你的确要求助于那个对你吹胡子瞪眼睛的人，你就忍一忍吧！只要不是与原则性的问题相冲突，忍过了之后，钱就赚到了，这何乐而不为呢？

当然，我们讲一个忍字，并不是劝告你怯懦，真正的忍是以退为进的手段。那些只是一味地退让，而不考虑自己真正的目标、不思进取的人，忍来忍去反而会让他永远不能爬起来。

忍一时风平浪静

在现实生活之中，有多少的口角、争斗与矛盾是由于失于忍而造成的呢？诸如我踩你一脚，你回我一眼，而且出言不逊，接着双方就怒目相对，仿佛是不共戴天的仇敌；或是在排队时争相推抢，一有得失，便恶言恶语，甚至于当众出手……诸如此类的生活琐事，不胜枚举。其实这些小事，只要稍稍忍耐一下，便会烟消云散，天地清明。这道理甚为简单。

忍是一种妥协，是一种策略，但并不是屈服和投降，它其实是一种非常务实、通权达变的智慧。

一次，在公共汽车上一个男青年往地上吐了一口痰，被售票员看到了，对他说："同志，为了保持车内的清洁卫生，请不要随地吐痰。"

没想到那男青年听后不仅没有道歉，反而破口大骂，说出一些不堪入耳的脏话，然后又狠狠地向地上连吐三口痰。

那位售票员是个年轻的姑娘，此时气得面色涨红，眼泪在眼圈里直转。车上的乘客议论纷纷，有为售票员抱不平的，有帮着那个男青年起哄的，也有挤过来看热闹的。大家都关心事态如何发展，有人悄悄说快告诉司机把车开到公安局去，免得一会儿在车上打起来。没想到那位女售票员定了定神，平静地看了看那位男青年，对大伙说："没什么事，请大家回座位坐好，以免摔倒。"一面说，一面从衣袋里拿出手纸，弯腰将地上的痰迹擦掉，扔到了垃圾箱里，然后若无其事地继续卖票。

看到这个举动，大家愣住了。车上鸦雀无声，那位男青年的舌头突然短了半截，脸上也不自然起来，车到站没有停稳，就急忙跳下车，刚走了两步，又跑了回来，对售票员喊了一声："大姐！我服你了。"车上的人都笑了，七嘴八舌地夸奖这位售票员不简单，真能忍，虽然骂不还口，却将那个浑小子制服了。

这位女售票员面对辱骂，如果忍不住与那位男青年争辩，只能扩大事态；与之对骂，又损害了自己的形象；默不作声，又显得太亏了。她请大家回座位坐好，既对大伙儿表示了关心，又淡化了眼前这件事，缓解了紧张的空气；她弯腰若无其事地将痰迹擦掉，此时无声胜有声，比任何语言表达的道理都有说服力，不仅感动了那位男青年，也教育了大家。

在生活中，我们也难免会碰到一些蛮不讲理的人，甚至是心存恶意的人，有时还会无缘无故地遭到这种人的欺侮和辱骂。每当遇到这样的事，常让人觉得忍无可忍。可是，不忍就会正好成了对方的出气筒，也给自己带来不必要的麻烦。这正如一首诗说的那样：忍字头上一把刀，遇事不忍祸必招；如能忍住心中气，过后方知忍字高。

生活中，不能爆竹脾气一点就着，不能针尖儿对麦芒，你偏他更犟。如果这时候我们能有意识地让自己冷静下来，该受点委屈就受点委屈，该忍让时就忍让，我们的人生也会由此进入一个更新的境界。

隐忍不争也称大丈夫

有关"士可杀不可辱""宁可站着生，不可跪着死"之类的关于受辱之言词可真不少。是的，人应该活得有志气，活着就不该受人侮辱。但是，如果你身上担负着重任时，对辱就不可大义凛然了。你应该以大任为重。这一点，汉高祖刘邦做得非常不错。

刘邦一生最危险的时候，恐怕就是在鸿门宴上。

以后，当他在彭城被楚军穷追猛撵的时候，虽多次因情况紧急将一对儿女推下车，但楚军到底离他有些距离而未能追赶上他；当他被楚军包围在荥阳城中猛攻回击的时候，虽形势危机万分，但毕竟他还是在汉军阵营之中；当他在平城被匈奴人包围七天七夜的时候，虽险些饿死，但毕竟身边有十几万大军保卫着他。

但是，在鸿门宴上，他身边仅有张良一个人，加上后来闯入大帐为他叫冤的樊哙，也不过两个人而已，外面虽还有百余骑，但项羽却有40万大军，而且对方已经心怀杀害之意。此时，他

的小命完全掌握在项羽手上。杀掉刘邦，如果项羽愿意的话，他自己就能对付刘邦这几个人，而无需任何人帮助。

在这种情况下，刘邦只有卑躬屈膝，隐忍不争，并充分利用对方的矛盾来解救自己，稍有不慎，后果显而易见。此时，任何大丈夫的豪言壮语、英雄举止都无疑会给他带来杀身之祸。

所以，鸿门宴是刘邦经历的最为危险的事情。后世也没有几个人能经历过这个场面。从这个角度上是说，刘邦还应该很自豪呢！

鸿门宴的故事大家都知道，没有必要再啰嗦一番，关键是看刘邦都干了些什么，如何避免灾难的发生？

在此事中，刘邦都做了哪些"大丈夫能伸能屈"的事情呢？

首先，在赴宴的前一天晚上，他死乞白赖地拉着项羽的叔父项伯认作儿女亲家，并求他在项羽面前替自己美言美言。结果还是不错的。项伯回去后先把项羽的工作做通了，项羽答应第二天刘邦来时会善待他。如果没有这道"工序"，刘邦第二天肯定凶多吉少。

其次，第二天见面后，赶紧先说好听的。刘邦一见到项羽就说："我和将军合力攻秦，将军战于河北，我战于河南。但我没想到能先入关中，并与将军在这里见面。请将军不要听小人的中伤与挑拨。"这段话里没有一句是真的。

当初，刘邦从今江苏向西进发，直奔今天的陕西，沿途虽遇到一些麻烦，但不过是秦军的地方部队和少量的精锐。而项羽先往北走，去今河北救赵国，又在那里与秦军20万精锐部队纠缠数日，经过多次大战，最后将秦军全部歼灭后，兜了一个大圈子，才进入关中。仅从路程上说，项羽也不会比刘邦早进关中，刘邦竟说自己没有想到。

刘邦说小人挑拨他与项羽的关系，但事实是有人给刘邦出主意，让他派兵守住函谷关，不要让诸侯进关，在关中称王，他听信了。结果，不仅函谷关被项羽一仗就攻破了，而且还将项羽惹得大怒，这才使他陷于鸿门宴的险境之中。

不过，刘邦这几句话虽然不实，但是"卑躬"味儿十足，让项羽听了十分舒服。而且，此时刘邦已经50岁上下了，项羽才26岁，能当刘邦的儿子。刘邦如此卑躬屈膝，怎能不让项羽动心？

古人尚且如此，我们更应该以他们为楷模。如果你是领导者，在工作时遭到侮辱，就应当以工作为重；受辱便进行打击报复，那不是大丈夫所为。须知，隐忍不争也是大丈夫之举。

善容人者才是真智慧

曾有人说：天下没有全才，也没有废才；天下没有不犯过错的人，也没有一无是处的人。人才要量才而取，并能取长补短，这才是智者容人、用人的准则。

拿破仑在这一点上深得要领。凡他需要用的人才，都尽力设法招揽，即使在敌方的阵营中，也要想方设法使他跳到自己的阵营来。有几位仇恨他的军官，也是拿破仑最为看重的将领，他想办法轮流调用，如圣西尔、利科布、马克多奈尔。希里恩曾经评论拿破仑的"用人不为私人的愤怒仇怨而牺牲其政策的需要"这句话，可以说是拿破仑深谙事业成功秘诀的要领。

"大丈夫应当容人，不要被人所容。"孙中山先生的气度也是宏大的。常人只知道别人的见解与行为是错误的、偏狭的、幼稚的，而不知道自己也会采取同样的态度，几乎同出一辙。

民国七年，孙中山重游欧洲，兴中会准备在柏林开会，同志王发科受到一个满洲学生的警告、恫吓，说要报告政府，取消他的官费，甚至有生命的危险。王发科窘迫不堪，来到巴黎避风头。在他征得新加盟同志温芗铭的同意下，待孙中山外出后，来到他房间盗取加盟的名单，跑到驻法国大使馆哭着告密，以此作为自首的礼物。王发科哪里知道当时的大使孙宝奇，瞧不起他的行为，又害怕发生驻伦敦大使馆同样的笑话，便呵斥他赶快交回名单，不然先撤销他的官费。王发科惊慌失措，狼狈地奔回旅馆，向孙中山痛哭流涕，说出了盗取名单的事。孙中山没有半点责备之词，反而好好地安慰他。孙中山先生正是以这样的宽宏大量，所以成就了这样伟大的事业。

有些人心中只有一个自己，认为自己是天下最聪明的人，而把其他人都视为愚笨者。这是典型的假聪明。自古以来，假聪明的人不善用人谋天下、得天下，而是自以为是，横刀立马。相反，善容人者才是真智慧，此可谓借人之力成己之事。

低头弯腰可保护自己

风一吹便低俯的草，其实是饱经风霜，通过无数次考验的坚韧的草。人生何尝不是如此。低头弯腰，保护了自己，强硬只能夭折得更快。现实生活中，很多人都会碰到不尽如人意的事情。需要你暂时退却，这时候，你必须面对现实。要知道，敢于碰硬，不失为一种壮举。可是，胳膊拧不过大腿。硬要拿着鸡蛋去与石头碰，只能是无谓的牺牲。这个时候，就需要用另一种方法来迎接生活。这就是适时低头。

记得《史记》中记载着这么一个故事：

战国时代的范雎本是魏国人，后来他到了秦国。他向秦昭王献上远交近攻的策略，深为秦昭王赏识，于是将他升为宰相。但是他所推荐的郑安平与赵国作战失败。这件事使范雎意志消沉。按秦国的法律，只要被推荐的人出了纰漏，推荐人也要受到连坐的处分。但是秦昭王并没有问罪范雎，这使得他心情更加沉重。

有一次，秦昭王叹气道："现在内无良相，外无勇将，秦国的前途实在令人焦虑呀！"

秦昭王的意思原为刺激范雎，要他振作起来再为国家效力。可是范雎心中另有所想，感到十分恐惧，因而误会了秦昭王的意思。恰好这时有个叫蔡泽的辩士来拜访他。对他说道："四季的变化是周而复始的；春天完成了滋生万物的任务后就让位给夏；夏天结束养育万物的责任后就让位给秋；秋天完成成熟的任务后，就让位给冬；冬天把万物收藏起来，又让位给春天……这便是四季的循环法则。如今你的地位，在一人之下万人之上，日子一久，恐有不测，应该把它让给别人，才是明哲保身之道。"

范雎听后，大受启发，便立刻引退，并且推荐蔡泽继任宰相。这不仅保全了自己的富贵，而且也表现出他大度无私的精神风貌。

后来，蔡泽就宰相位，为秦国的强大作出了重要贡献。当他听到有人责难他后，也毫不犹豫地舍弃了宰相的宝座而做了范雎第二。可见聪明的智者都不会一味地贪图富贵安逸，在适当的时候，他们都会主动退出舞台，以保全自身。

在生活中历练过的人，都能了解。谦虚往往被看成软弱。这种生活态度与其说是软弱，不如说是尝遍人世辛酸之后一种必然的成熟。那些昂然高论，不以为然的人，对这个问题，乃至人生的认识显然有限，因而表现出来的，只是一种无知的强劲，一种似强实弱的强。真正的智慧，属于谦逊的人。

俗话讲，退一步海阔天空。暂时退却，养精蓄锐，等待时机，重新筹划，这时再进便会更快、更好、更有力。有时候，不刻意追求反而更容易得到，追求得太迫切、太执著反而只能白白增添烦恼。以柔克刚，以退为进，这种曲线的生存方式，有时比直线的方式更有成效。

古人说："小不忍则乱大谋。"坚韧的忍耐精神是一人个性意志坚定的表现，学会忍耐、婉转和退却，可以获得无穷的益处，"低头做人"被一切真正的成功人士奉为圣经。

受点委屈可化解同事的怨气

有时候在你还不知道缘由的时候，你发现有的同事对你满肚子怨气。这时的你可能一头雾水，但对于这样的同事你又不可能直接去问他（她），或者问了他（她）也不会告诉你，今后的相处真是难受啊。这种表面上看来相安无事，实际上矛盾可能已达到沸点。你能感觉到这种状态的存在，在两个或更多同事之间存在一种无声的紧张感。通常，为了顾全大局，大家会忽略这些小小的不快，但是有时候，这些无声的矛盾很容易升温并爆炸。

梁文是负责一个项目的组长。但是他的助手阿强似乎对他颇有意见，但是对于问题的起因，梁文并不是很清楚。阿强的职责应是帮助协调梁文的会议和培训安排，可是梁文要阿强准备好发言材料时，阿强的态度却不太好。在开会的时候，阿强也不配合，总是暗指梁文的工作能力不强，当梁文问他一个数据时，他说："我已经给你提过几次了，难道你都不记得了吗？"这样的情形出现几次后，他俩的冲突终于爆发了。

小组里另一位同事因病不能上班，他的工作必须由梁文分给别的同事，他平时负责的那部分职责是由阿强安排的，梁文希望阿强告诉他一下，可阿强却没好气地说："哦，难道你没有参加会议吗？"

事到如今两人的矛盾已经公开了，如果不解决这个问题以后相处都有麻烦。梁文和阿强还要继续合作下去，可是要解决矛盾

也不是一件很容易的事。直接找他？阿强好似已对梁文有了戒心，效果一定不会很好。或者继续装聋作哑，希望事态能够好转，还是私下里和阿强对着干，利用一些机会给他穿小鞋？

可这几种方法都不是最好的，毕竟面对的是隐蔽、间接的行为，就像是在播放的收音机里发出的静电噪声一样。随着音量的增大，它很可能会引起人们的注意，如果你不采取行动，噪声就会越来越大。更糟糕的是，如果这种关系进一步恶化，危害将波及所有的人。

梁文选择了一种解决方法，那就是先装作没事的样子，但是私下里找另一位同事帮忙。李刚和他俩的关系都不错，由他出面，是比较合适的，起码阿强不会对李刚抵触。经过侧面了解，原来梁文经常在阿强面前发一些无心的评论，有时不小心就伤了阿强，可阿强又是个敏感的人，虽然他不明说，但心里一直是有疙瘩的。好在李刚做了这样的中间人，之后梁文才对症下药，改善了与阿强的关系。要是当时他直接和阿强吵起来的话，估计对谁都不好，现在有了中间人协调，总算处理得不错，阿强也不再对梁文生气，毕竟还是为了工作。

当工作场所出现类似不和谐的音符时，最好在事态恶化之前予以化解。同时，考虑一下，如果亲力亲为效果不好的活，能让外人帮忙也不错。千万不要一味强调自己的感受，有些时候受点委屈也不是什么大不了的事。毕竟同事相处的时间是很长的，为了有个好的工作环境做点儿牺牲也是可以容忍的。

面对漠然的上司学会退让

漠然的上司，大都脾气暴躁，自认为高高在上，手握生杀大权，因而把下属当做佣人看待。总是威风八面、架子十足，不仅口气粗暴，而且言辞也充满霸气。他们常常会在言语中说出些让下属在众人面前下不来台的事，自己却浑然不知。下面让我们看看张小姐如何应对她的上司。

"早上好，李先生。"她对上司说，"我桌上的文件您签字了吗？"李先生瞪着他那双灰蓝色的眼睛茫然了一秒钟，然后便把他的办公桌惊天动地地翻了一遍，最后他犹豫了一下，向她摊开两手说："张小姐，我从未见过你的文件。"如果这件事发生在几年前，她就会毫不犹豫地说："我昨天看着您的秘书把我的文件放在您的办公桌上，您可能把它当成废纸丢掉了！"但是现在她不会这样说了，既然眼前这位绅士模样的异乡人永远不明白诚实可以增加威信，她又何必与他计较呢？她只不过是需要他的签字而已。于是她平静地说："那好吧，我到您的秘书那里去看看有没有我的文件。"随即她便下楼回到她的办公室，把电脑中的文件重新调出再次打印，当她再把文件放到李先生面前时，他连看都没看就签了字，其实他比她还清楚文件的去向。

是的，这就是张小姐在与上司发生冲突时的解决方式。张小姐不赞成在冲突发生以后一走了之，因为在新环境里还会出现老问题，到那时你又怎样呢？她也不赞成为了争口气大闹一场，因

为吵闹不能解决问题，反倒有可能断送了薪水奖金，还是实际些吧！说到实际，谁是谁非也并不重要，可能即便她对了上司错了，她也会开动脑筋为上司寻找一个台阶下，无论如何解决冲突的前提是合作！

张小姐赞成主动言和，主动言和的表层含义是好汉不吃眼前亏，但它还包括更深的层面；主动言和是运用智慧寻找冲突的最佳解决方案，使问题最终得以解决；主动言和更需要团队精神，发挥团队精神可以使合作得以延续；她相信自己在处理冲突的问题上越来越成熟冷静了，她不会像个孩子一样在冲突中放任自己，她运用自己的智慧和团队精神与上司尽量合作，让上司发现她是个理想的合作伙伴，更给自己创造一个良好的工作空间！

"忍"是家庭和睦的秘诀

什么是忍？《说文解字》解释为"忍，能也"。忍，确实是有能力、有雅量、有修养的表现，它是积极的、主动的、高姿态的。人人都懂得这个理，何愁家庭不和谐幸福呢？

有一老翁，有三个儿子和三个儿媳妇，但一家相处融洽。一日闲聊时，老翁谈起与儿媳妇的相处之道。他举例说，一次大媳妇煮点汤，先盛一碗给他，并半征询半内疚道："刚才我好像放多了盐，不知会不会觉得咸了？"阿翁吃了一口，即答："不会！不会！恰到好处。"此后的一次，三儿媳妇也煮汤给他送去一碗，说："我一向吃得较为清淡，不知您口感如何？"阿翁喝了一口汤，忙答："很好很好，正合我的口味。"结果自然是皆大欢喜。

忍让是通向幸福的钥匙。家庭中的矛盾、分歧很少有原则性的分歧。这时能以"忍"字为先，装些糊涂，表示谦让，矛盾也就烟消云散了。不然的话，就会激化矛盾。其实，是咸是淡，好吃难吃，都不重要，重要的是人与人相处时那种和乐的气氛。请看下面的故事：

李太太把满满一桌饭菜凉了又热，热了又凉，那可全都是李先生爱吃的。然而李先生早忘了今天是他们结婚5周年的纪念日，而迟迟在外未归。

终于，李太大听到了钥匙的开门声，这时愤怒的李太太真想跳起来把李先生推出去。李先生的全部兴奋点都在今晚的足球赛上，那精彩的临门一脚仿佛是他射进的一般。李太太真想在李先生眉飞色舞的脸上打一拳，然而一个声音告诫她："别这样，亲爱的，再忍耐两分钟。"

两分钟以后的李太太，怒气不觉降了许多。"丈夫本来就是那种粗心大意的男人，况且这场球赛又是他盼望已久的。"她不停地安慰自己，尔后起身又把饭菜重新热了一遍，并斟上两杯红葡萄酒。兴奋依然的李先生惊喜地望着丰盛的饭桌："亲爱的，这是为什么？""因为今天是我们的结婚纪念日。"

愣了片刻的李先生抱住李太太："宝贝，真对不起，今晚我不该去看球。"

李太大笑了，她暗自庆幸几分钟前自己压住了火气，没大发雷霆。

忍让，是家庭和谐幸福的一个必不可少的条件。多站在别人

的角度想一想，比如，在家里谁说了几句不中听的话，你不妨想到，他可能为别的事心里不痛快，或许他对什么事误会了，或许他天生的直筒子脾气，沾火就爆，过后他会想到自己的不对的，或许是因为他年纪小、想事情不周全，等等。这样就理解了，宽恕了，容忍了，也就不会放到心里去。这才是真正的忍，忍了之后，自己的心里也是坦然的，宽阔的，清爽的，平静的。

试想，如果家庭成员之间因磕磕碰碰、丁丁点点的小事，不知忍让，不去克制，便发脾气、耍性子，这个家庭还有什么和谐幸福可言呢？我们每个家庭当中，夫妻吵架，都是因为这些提不起来的事引起的。你细细想一下，是不是应该像李太太那样忍耐两分钟呢？

家，是人生的安乐窝；家，是人生的避风港。一个家庭想要"家和万事兴"，家庭里的成员必须要能相互了解、相互体谅、相互尊重、相互包容。忍让，能让家庭和睦；忍让，使全家相安无事。虽然学会忍让不是一件简单的事，但我们还是要忍让，因为忍让能为我们带来意想不到的收获。

屈蹲低位百忍成金

世间最大的力量是忍耐，忍耐不是吃闷亏、不是无能，而是面对讥讽毁谤能用坦然的心来释怀。在忍耐的世界里，没有嗔恨，没有嫉妒，只有和平与包容。忍耐是做人处事的至上法宝，做人要能有忍耐承载的修养，才有力量应世。

1. 忍耐是成功者必经之路

林肯 23 岁步入政界，屡遭惨败，面对冷嘲热讽、流言蜚语，乃至明枪暗箭，他一忍再忍，终于在 51 岁那年当上美国总统。斯凯勒博士为他的忍耐归纳为："失败十论"。林肯的每一次忍耐，表面上看似乎都是一次暂时的"失利"，一次被命运的"遗弃"，但绝不是妥协和明哲保身，而是审时度势，调整目标。因而，林肯的每一次忍耐总是为大步的跨越，作好了必要的准备。经过 28 年无数次的失败，林肯终于成为一代总统，他曾经给自己的忍耐作过一个幽默的注解："宁可给一条狗让路，也不和它争吵而被它咬一口好。被它咬了一口，即使把它杀掉，也无济于事。"

2. 忍能造就成功

《卧虎藏龙》让华裔导演李安名噪一时。有人认为他的成功全靠运气。其实，李安能有今天的成功，与他的坚韧密不可分。

1978 年 8 月，艺专毕业后，李安申请到美国伊利诺大学攻读戏剧。1983 年顺利拿到硕士文凭后，李安花了一年的时间制作自己的毕业作品。作品出来时，除得到了当年最佳作品奖的荣誉外，也吸引了经纪人公司的注意，有一家经纪人公司不仅与他签约，还表示要将李安推荐到好莱坞。

进入好莱坞电影城发展，几乎是每个年轻人的梦想，李安也不例外。与经纪人公司签约后，李安原以为离梦想已经不远了，但事情并不如想像中美好。原来所谓的经纪人，并不是帮他介绍工作，是要他有了作品后，再代表他把这部作品推销出去。然而没有剧本，哪来的电影作品？于是毕业后的李安，转而专心埋首于剧本创作。

第三章 忍让并非软弱

· 111 ·

墙上的日历就像李安笔下的稿纸一样，撕了一张又一张，整整 6 年的时间，他都待在家里写剧本，等机会。

要进好莱坞，谈何容易！于是，李安选择从台湾出发，果然，电影《推手》一推出，立即受到来自各界的瞩目与好评，让李安六年的蛰伏有了肯定。他说："六年不是一段短时间，如果没有相当的耐心，可能早已消沉了。"

六年之中，李安最大的体会就是，身处逆境中千万不要焦躁不安、惊慌失措及盲目挣扎。"我庆幸自己忍耐的功夫，才使我有今日的成就。"

收敛个性避免引来杀身之祸

个性是每个人都具有的，人有个性才有魅力。个性表现得越充分，个人魅力也就越大。但是，不恰当地张扬个性，对人并非有益，尤其是在为人处世中，其危害更是巨大的。

在人群中肆无忌惮地张扬自己的个性，就好比把肉放在砧板上，让人家想怎么剁就怎么剁，这不是其蠢无比吗？你把自己暴露在你毫不知晓的各色人面前，既不知道他们是些什么人，也不知道他们怎么想，更不知道他们将会怎样做，如此也就把自己置身在别人的十面埋伏之中了。很多人不知道这种凶险和厉害，年轻人尤甚。他们喜欢我行我素，率性而为，极力标榜自己的个性，欲与他人不同，而且似乎生怕别人不知道他们身上那些很个性化的东西。这样，他们便把自己张扬成了诸如嬉皮士、卡通等一样的人物，个人很过瘾，不亦美哉！不过，并非全都如此得意，因个性十足而吃亏上当、遭人宰杀的更比比皆是。

三国时的才子祢衡就是一例：

祢衡年少才高，目空一切，二十多岁便名扬四方了，于是，更加瞧不起那些所谓的名士权贵了，把他们视为酒囊饭袋，行尸走肉。

汉献帝初年间，孔融上书举荐祢衡，大将军曹操欲召见他。

祢衡不知道天高地厚，见了曹操出言不逊。曹操心中很是不快，就随便给祢衡封了个击鼓的小吏来羞辱他。

祢衡也因此更加记恨曹操。

一次，曹操大会宾客的时候，让祢衡穿鼓吏衣帽击鼓助乐。谁曾想，祢衡为了出气，竟当众裸身击鼓，以扫曹操等人的雅兴。曹操对之深以为恨，但他不愿杀祢衡而脏了自己的手，就把他转手送给了荆州牧刘表。

到了荆州之后，祢衡还是一如既往地恃才傲物，很快也就得罪了刘表。刘表很聪明，也不杀祢衡，而是把他打发到江夏太守黄祖那里去。

祢衡在黄祖那里，仍是率性如前。一次，祢衡竟当众顶撞黄祖，骂他："死老头，你少啰嗦！"黄祖气极，一怒之下把他杀了。祢衡死时只有 26 岁。

祢衡的杀身之灾，全因他的才气和性情所为。人有才情，本是天赐良物。祢衡却相反，恃才傲物，因情害事，不知天下大有人才，权柄重于才情。最终唐突权贵，以身涉险，终被人杀。这是极尽个性、才情而不得善终的一个典型事例。

第三章　忍让并非软弱

从祢衡只知个人率性，不知顾及他人来看，祢衡的才智是十分有限的。才智，除自身的才华、智慧外，也包括对他人和环境的审视、知晓、防范，以及利用。

从根本上说，社会是消除个性的。跟他人在一起，要收敛个性，不要只图自己想说什么就说什么、想干什么就干什么，要多从他人角度，想想他人又会怎样想，他人又会怎样说，他人将要怎样做，这样才不会四面树敌，让自己丧于他人之灾的浪潮之中。

低头隐忍，逃过劫难

低头自保是处世的一门科学，是为人的一种境界，是认真生活过的人的一种心得。学会低头，保全自己，能够为自己赢得成功的机会。唐朝开国皇帝李渊，因为能低头隐忍，逃过了劫难，从而成就了大唐数百年的江山。

隋朝末年，由于隋炀帝荒淫无道，残暴好杀，忍无可忍的农民纷纷起义，反抗暴政。连隋朝的许多官员也纷纷倒戈，有的投向农民起义军，有的直接举起义旗，反抗隋朝的统治。

这种情况让隋炀帝非常恼火，另外，他的疑心也很重，怀疑朝中大臣密谋叛乱，尤其是外地的文臣武将，更让他放不下心，稍有风吹草动就抄家灭门，好多无辜的人惨遭不幸。

唐国公李渊（即唐高祖）以前曾多次担任隋朝中央和地方大员，他文武全才，政绩突出，深得民众的爱戴，口碑很好。不管到什么地方，他都能礼贤下士，多方结纳当地的英雄豪杰、仁人志士，尽心尽力为当地民众谋福，因而声望很高，许多人都前来归附。

李渊的名望和能力让隋炀帝很不放心，对他多有猜忌，于是严密注意李渊的行为举动。

有一次，隋炀帝下诏让李渊到他的行宫去晋见，李渊因病重未能前往，隋炀帝很不高兴，就开始疑神疑鬼起来。当时，李渊的外甥女王氏是隋炀帝的妃子，隋炀帝向她问起李渊未来朝见的原因，王氏回答说是因为病了不能起床，隋炀帝又问道："会死吗？"

后来王氏把这番话告诉了李渊，使李渊意识到了危险，变得谨慎起来。他知道自己素来遭隋炀帝猜忌，为隋炀帝所不容，迟早会像别的大臣那样遭遇灭门之灾。但现在起兵反隋过于仓促，力量显得有些不足，只好先低头自保，等待时机。

于是，李渊故意到处收受贿赂，贪赃枉法，败坏自己的名声，又整天沉溺于声色犬马之中，一改往日勤俭廉洁作风，而且大肆宣扬，以便于让隋炀帝知道。

这一招果然管用，隋炀帝听到这些以后，就稍稍放松了对他的警惕。李渊一边谨慎行事，一边暗中招兵买马，扩充实力。几年时间里，李渊有惊无险地瞒过了隋炀帝，保全了自己。随后，李渊在太原准备妥当，等天下反隋的起义如火如荼的时候，也举起义旗，最终夺得天下。

试想，如果当初李渊不低头自保，哪怕是做得不够到位，都很可能被正猜疑他的隋炀帝送上断头台，哪里还会有太原起兵，成功夺得天下，开创了大唐几百年基业的唐高祖。

第三章　忍让并非软弱

相反，也有人为了一时意气，拔刀杀了个强抢自己宝刀的无赖，图了个一时的痛快，结果虽然侥幸没死，但也付出了惨重的代价，那就是在水浒英雄里面赫赫有名的"青面兽"杨志。如果杨志没有一时冲动，低头而去，说不定他以后的路要好走得多。

低头是为了让自己与现实环境更和谐，把两者的摩擦降至最低，是为了保存自己图谋将来，是为了把不利的因素转化成有利的力量，这不是软弱，也不是无能，而是一种生存哲学，是高明的处世智慧。

留得青山在，不怕没柴烧。现实生活是残酷的，当碰到不利的环境时，千万别逞血气之勇，更别拿着鸡蛋去与石头硬碰，也不要认为"士可杀不可辱"才是男子汉的作风，要学会保全自己，要做一个会"低头"、能"低头"的人。

尽快地融入新的环境，学会向生活低头。要想获得成功，这是一条必经之路。也许有人认为这种观念与时代不符，对"向生活低头"这样的思想嗤之以鼻。其实不然，低头是为了更好地融入周围人的生活圈中，更快地适应生活。在社会中，只有个别去适应整体，只有懂得低头的处世之道，才能够保全自己，能更好地和别人打交道。能够降低姿态，适时低头，善于长远考虑的人才最容易赢得大家的认可，受到人们的欢迎。

民间有句谚语：低头的是稻穗，昂头的是稗子。最成熟饱满的稻穗，头垂得最低。那些穗子里空无一物的稗子，才会始终把头抬得老高，很不可一世的样子，通常它们不是被人们早早拔掉，就是被大风吹折了腰。

第四章

身处平凡不做平庸

平凡和平庸差距之大

平凡和平庸虽一字之差，但却有着本质的区别。从个人的角度来看，平凡，是在生活和工作中把自己的能力发挥了出来，是实现了自我价值。人尽其能，对个人而言这叫平凡。平庸，是有能力没发挥，才华尽掩，就像河蚌里拒绝成为珍珠的沙子，自甘埋没，这叫平庸。

从平凡到平庸，是一件很容易的事，只要心中懈怠，就滑向了平庸的边缘。毋庸置疑，每个公司都会有很多平凡的工作岗位，也会有很多平凡的员工，因为人的能力是有高低差别的，那些平凡的员工在自己的工作岗位上人尽其才，发挥了自己的才能，所以他的人生价值是得到了体现的。但也有很多的人甘愿做一个平庸的人，以为那样自己的压力很小，过得会很轻松自在。企业需要前一种人，但绝不需要后一种人。

其实，改变只需一点点。做平凡的事并不意味着你将一生平凡，只要在工作中多留心，多用心，就会发现有很多学习提高的机会，你就在为自己走向不平凡积累知识和经验。相同的是，那些甘愿平庸的人，只要想想自己的未来，谁愿意被别人瞧不起，一身的才华被埋没呢？只要多拿出一点点的敬业精神出来，工作就会很快变得不一样了。

很多人都有一个误区：认为"平凡"并不是很好的，会觉得平凡的人就是碌碌无为的人，每天做着别人不愿意做的事。但事实并非如此，其实，那些看似平凡的事情一样可以提供很多的机会。我们大部分人都是凡人，可能每天做的都是一些平淡的"小事"，你可能每天所做的最多的事就是交一些报表，每天做的可能就是给客户打一些电话，可是，就是在这些小事当中却藏着巨大的机会，你可能因为经常地给客户打电话，而有了许多忠实的客户，可能每天做报表使自己的思路变得非常的缜密。真正的平凡，是个人价值的发挥对社会产生了积极的贡献。放在职场中来看，就是你个人能力的施展为企业创造了价值，你所处的职位，是你价值的实现点，也是能为企业作贡献的地方。

而与此相反，真正的平庸，不是指你没有能力，而是说你舍弃了能力培养的机会，放弃了自我发展及融入社会的机会。平庸的人，就像水面上漂浮的水沫子，是被水流激打出来的。平庸的人，是到处挖坑，每个坑都挖得不深的人。在职场中，大多数的行业他都去做过，每一处都留下了他的痕迹，深深浅浅的坑他挖了一大堆，但是没有哪一个是出水的，没有哪一个行业是他长久驻留的。浅尝辄止的结果是没有一技傍身，最终在优胜劣汰的环境中被淘汰出局。

平凡的人生，高尚的灵魂

20 世纪 90 年代初，一位曾到河南农村支教的教师在校园里看到了这样的标语"捧着一颗心来，不带半根草去。"此话真挚、朴素，却又不知是何人的名言。后来得知，这是已故的人民教育

家陶行知说的话。陶行知是留美的学子，深得著名教育家杜威的赏识。但他没有在外国寻求发展，回国后，也没有去钻营高官厚禄，而是一头扎到落后贫穷的乡村和城镇，积极开办乡村教育和平民教育。他一生所孜孜以求的，是平凡和琐碎，只要有益于世，就尽心尽力去做。

在我们这个社会，做大事的人毕竟是少数，大多数人从事的是平凡的工作。而社会的基础正是平凡人的平凡劳动。就是大事，如开凿海底隧道，发射宇宙飞船，建造摩天大厦等宏伟大计，它也是千百万人的具体劳动所凝聚的：如果我们都不屑去做平凡的工作，或对自己平凡工作不是尽心尽职，那就没有做大事可言。

曾有人问三个建筑工人："你们在做什么？"第一个人说："砌砖"；第二个工人说："我正在做一件每小时能赚10元钱的工作"；第三个人说："我嘛，我正建造世界上最美的建筑。"三个人对自己平凡的工作各有着不同的认识，第三个工人对自己平凡的砌砖工作充满着热情，认为工作虽然普通，却十分伟大。而其他二人，则对自己的工作自认是赚钱混饭吃。

北京青年报曾举办过一次读者讨论会，讨论《钢铁是怎样炼成的》一书的主人公保尔·柯察金与创办了微软帝国的世界首富比尔·盖茨之间，你最钦佩哪一个？许多人认为保尔的一生只是个普普通通的战士、筑路工人，平凡、贫困。而比尔·盖茨则拥有着财富、荣誉、地位和天才，是新经济时代的英雄。保尔固然品格高尚，但论对人类社会的贡献，比尔·盖茨则绝对在保尔之上。他们把自己的成功目标锁定在比尔·盖茨上。

保尔虽平凡普通，但他有一腔为人类的幸福和解放而奋斗的热血，他不慕虚荣，甘于清贫，踏踏实实地做好一名士兵、一名工人。他诚实、正直、勇敢、善良、勤奋，他是伟大的，他的无私奉献精神和顽强拼搏的勇气曾鼓舞了几代人去为人类的幸福而奋斗，这难道不是对人类社会的伟大贡献吗？这种贡献难道是能用金钱来衡量的吗？

比尔·盖茨是做出了伟大的事业，但有些人只看到他拥有的财富、显赫的名声，却不知道比尔·盖茨本人并不那么看重这些东西。他说过，等你有了1亿美元时，你就会明白钱不过是一种符号。有关比尔·盖茨的传记介绍说，盖茨从来不因为钱财而特意去摆阔，他始终保持着他那种随随便便不大讲究的特点。人们不时在公司里、工场里，看到他穿一条便裤，一件开领衫，一双运动鞋，而且没有一样是名牌。已经成为社会名流的盖茨，喜欢独来独往，从来不需要前呼后拥的派头。有一次，盖茨和一位朋友一块儿驾车去开会，因为去晚了，一时找不到停车位。朋友建议把车停到贵宾停车场去，盖茨说："那要花10美元呢，这个价钱可不便宜，他们超价收费。"也许你会说盖茨是个守财奴，那你错了。他曾多次为他的母校捐赠大笔款项。就盖茨的地位和业绩而言，他的工资完全有资格列全美之冠，但实际上只属于中等偏下，他说，他对于钱的问题从不关心，而且也不大在意股票行情的变化。他更关心的是他的工作，他把自己看作是一个技术员。

看来，那些鄙夷保尔又追崇盖茨的人，既误读了保尔，也误读了盖茨。他们只从两者从事的职业、创造的财富、拥有的名声这些外在的东西来评判两人的高低，却不懂得从品格和是否有益

于社会来评判一个人真正的价值。比尔·盖茨为社会做出了巨大贡献，并保持着普通人简朴、勤奋、正直的品格，是值得我们尊敬的。而保尔也在自己的平凡之中，恪尽职守，奋斗到生命的最后一刻。

英国一位学者说："伟人往往是一些特殊人物，但伟人本身只不过是相比较而言，事实上，大多数人的生活圈子非常狭小，他们很少有机会出人头地，成为伟人。但是，每一个人都可以正直诚实、光明磊落地做好自己的本职工作，最大限度地发挥自己的能力。工作岗位虽然平凡，但只要你尽心尽职，便呈现了生命的最高信念和个性。对大多数人来说，他们也许没有金钱，没有财产，没有权势，但是，他们依然拥有高尚的灵魂，拥有精神财富，诚实、正直、尽职尽责。

成功者并不都是才华出众的人

在人生旅途中，也许你并不是一个才华出众的人，也许机遇可能会主动降临到你头上，但这都不要紧，关键在于机遇来临要靠你去把握，因为，真正能成事的人需要自己去捕获机遇，而冒险就是抓住机遇最好的工具。

不要抱怨生活的不公平，机会是均等的，只是有的人有能力去抓，有的人不敢去抓，有的人甘愿与它失之交臂。那些成功者自然是捕捉机遇、创造机遇的高手，而且，他们惯于在风险中猎获机遇！

机遇常与风险并肩而来。一些人看见风险便退避三舍，再好的机遇在他眼中都失去了魅力。这种人往往在机会来临之时踌躇不前，瞻前顾后，最终什么事也干不成。我们虽然不赞成赌徒式的冒险，但任何机会都有一定的风险性，因为怕风险就连机会也不要了，无异于因噎废食。

最有希望的成功者并不都是才华出众的人，而是那些最善于利用每一时机去发掘开拓的人。他们在机会中看到风险，更在风险中逮住机遇。

摩根年轻时便敢想敢做，颇富商业冒险和投机精神。1857年，摩根从哥廷根大学毕业，进入邓肯商行工作。一次，他去古巴哈瓦那为商行采购鱼虾等海鲜归来，途经新奥尔良码头时，他下船在码头一带兜风，突然有一位陌生人从后面拍了拍他的肩膀："先生，想买咖啡吗？我可以出半价。"

"半价？什么咖啡？"摩根疑惑地盯着陌生人。

陌生人马上自我介绍说："我是一艘巴西货船船长，为一位美国商人运来一船咖啡，可是货到了，那位美国商人却已破产了。这船咖啡只好在此抛锚……先生！您如果买下，等于帮我一个大忙，我情愿半价出售。但有一条，必须现金交易。先生，我是看您像个生意人，才找您谈的。"

摩根跟着巴西船长一道看了看咖啡，成色还不错。一想到价钱如此便宜，摩根便毫不犹豫地决定以邓肯商行的名义买下这船咖啡。然后，他兴致勃勃地给邓肯发出电报，可邓肯的回电是："不准擅用公司名义！立即撤销交易！"

摩根对此非常生气，不过，他又觉得自己太冒险了，邓肯商

行毕竟不是他摩根家的。自此，摩根便产生了一种强烈的愿望，那就是开自己的公司，做自己想做的生意。

摩根无奈之下，只好求助于在伦敦的父亲。吉诺斯回电同意他用自己伦敦公司的户头偿还挪用邓肯商行的欠款。摩根大为振奋，索性放手大干一番，在巴西船长的引荐之下，他又买下了其他船上的咖啡。

摩根初出茅庐，做下如此一桩大买卖，不能说不是冒险。但上帝偏偏对他情有独钟，就在他买下这批咖啡不久，巴西便出现了严寒天气。一下子使咖啡大为减产。这样，咖啡价格暴涨，摩根便顺风迎时地大赚了一笔。

从咖啡交易中，吉诺斯认识到自己的儿子是个人才，便出了大部分资金为儿子办起摩根商行，供他施展经商的才能。摩根商行设在华尔街纽约证券交易所对面的一幢建筑物里，这个位置对摩根后来叱咤华尔街乃至左右世界风云起了不小的作用。

此后的一百多年间，摩根家族的后代都秉承了先祖的遗传，不断地冒险，不断地投机，不断地暴敛财富，终于打造了一个实力强大的摩根帝国。

人可穷一时，不可穷一世

在我们还没有成功以前，常常会遭遇歧视、侮辱和不公平的对待，使我们既伤心又愤怒。但是，伤心也好，愤怒也好，都不能解决任何问题。唯一正确的做法是自强自立。俗话说"生气不如争气"，这是一个简单朴素的道理。其实，无论遇到什么问题和困难，伤心、愤怒、焦躁、恐惧等都有害无益，唯一正确和有效的做法是冷静、理性地思考如何解决问题。

抱怨的结果只能是使人精神更颓废，如果一个人把眼光拘泥于挫折的痛感之上，他就只能使自己更加痛苦，因此，在遭遇到困难的时候，不可专注于灾难的深重，而应当努力去寻找希望，努力去寻求可以改变现实的积极之路。大哲学家尼采说过："受苦的人，没有悲观的权力。"因为受苦的人，必须要突破困境，才能不再受苦，而悲伤和哭泣只能加重伤痛，所以不但不能悲观，反而要比别人更积极。

不管你出身贵贱，学问高低，相貌美丑，只要你心中藏着一股气，一股不会泄的志气，你就能飞上天，成为一颗耀眼的明星。

美国汽车大王亨利·福特年轻时，曾在一家修车厂做修车工人，有一次刚领了薪水，兴致勃勃地到一家他一直十分向往的高级餐厅吃饭。可亨利·福特在餐厅里呆坐了差不多15分钟，居然没有一个服务生过来招呼他。最后，餐厅中的一个服务生勉强走到桌边，问他是不是要点菜。

亨利·福特连忙点头说是，只见服务生不耐烦地将菜单粗鲁地丢到他的桌上。亨利·福特刚打开菜单，看了几行，服务生用轻蔑的语气说道："菜单不用看得太详细，你只适合看右边的部分（指价格），左边的部分（指菜色），你就不必费神去看了！"

亨利·福特非常生气，恼怒之余，不由自主地便想点最贵的大餐。但一转念之间，又想起口袋中那一点点可怜微薄的薪水，不得已，咬了咬牙，只点了一份汉堡。

服务生离去之后，亨利·福特并没有因为花钱受气而继续恼恨不休。他反倒冷静下来，仔细思考，为什么自己总是只能点自己吃得起的食物，而不能点自己真正想吃的大餐。从那之后，亨利·福特给自己立下志向，不管怎样，以后一定要成为社会中顶尖的人物。后来，亨利·福特一直朝着自己的梦想前进，最终由一个平凡的修车工人，逐步成为美国叱咤风云的汽车大王。

贫穷不是错误，我们所有的人原本都可能是贫穷的，差距是在后来的岁月里逐渐形成的。别抱怨自己卑微的起点，那不是你一生平庸的理由，也不是你没有出类拔萃的根据；卑微的理由可以有千万条，而杰出的原因则只需要那么一丁点儿。生命开始的地方可以千姿百态，成功和财富开始的地方需要的只是用心耕耘。

在世界巨富洛克菲勒上中学时的一天下午，有一位摄影师来拍一些学生上课时的情景照。洛克菲勒那双兴奋的眼睛注视着那位弯腰取景的摄影师，希望他早点把自己拉进相机里。但令洛克菲勒失望的是，那个摄影师却用手指着洛克菲勒对老师说："你能让那个学生离开他的座位吗？他的穿戴实在是太寒酸了。"当时只是个弱小学生的洛克菲勒无力与老师抗争，只得默默地站起身来。在那一瞬间，洛克菲勒感到自己的脸在发热，但他并没有动怒，也没有自哀自怜，更没有暗怨自己的父母没有让自己穿得体面些，因为他知道，父母为他能受到良好的教育已经竭尽全力。看着在那位摄影师调动下的拍摄场面，洛克菲勒攥紧了拳头，向自己郑重发誓：总有一天，我会成为世界上最富有的人！让摄影师给你照相算得了什么，让世界上最著名的画家给你画像才是你的骄傲！

后来，洛克菲勒在给儿子约翰的信中回忆了这个刻骨铭心的经历："约翰，我的儿子，我那时的誓言已经变成了现实。在我眼里，侮辱一词的意思已经转换，它不再是剥掉我尊严的利刃，而是一股强大的动力，排山倒海一般，催我奋进，催我去追求一切美好的东西。如果说是那个摄影师把一个穷孩子激励成了世界上最富有的人，似乎并不过分。"

伟大人物无一不是由苦难而造就的，一个人如果好逸恶劳，就无法战胜困难，也绝不会有什么前途。生前没有经历困难的人，他的生命是不完整的。贫穷好像运动器械，可以锻炼人，使人体格强健，所以，贫穷是我们成就事业最有利的基础。安德鲁·卡内基说："一个年轻人最大的财富莫过于出生于贫穷之家。"贫穷本是困厄人生的东西，但经过奋斗而脱离贫穷，便是无上的快乐。

无论你的自身条件多么不好，你的身世多么不幸，只要你有积极的心态，你就能成为一个有价值的人，你就能交上好运而获得成功！成功来源于强烈的企盼，孕育于痛苦地挣扎，是追寻自我，敢于冒险，最终超越自我的一种必然。只要付诸奋斗，成功就会向你招手。

起点低，没关系，但起点低绝对不是没志气。不论何时，都要高悬理想的明灯，树立起坚强的精神支柱。当你受到屈辱时，把它吃到嘴里，狠狠地嚼碎，然后吞到肚子里消化掉，化成一股热量，向前奔跑！

不怕物质贫困，就怕精神贫困

在大多数人的生活中，孩提时的远大理想也许只能成为少年时代美好的梦想，这是因为人们在出生的时候没有站在同一个起跑线上。只有很少的人天生会得到一副好牌：与众不同的家庭背景，超常的智力、充沛的精神以及命里注定的幸运。而大多数人不是这样。当我们出生在一个普通人家，容貌平平，记忆不好，缺乏能力和财力，甚至还有更糟的时候，比如父母离婚了，童年的郁郁寡欢，伤残的器官，面对这一切，我们无法不去怀疑自己成功的可能性。

莎士比亚说："道德和才艺远胜过宝贵的资产。堕落的子孙可以把显贵的门第败坏，把巨富的财产毁荡，可是道德和才艺，却可以使一个平凡的人成为不朽的神明。平静的贫困胜于不定的浮华；穷奢极欲的人要是贪得无厌，比贫困而知足的人更要不幸得多。"

被称为"狂人"的法国印象派画家高更，因厌倦都市生活，向往异国情调，为了逃避文明世界的侵扰，寻找新的、更原始、更真实而又更真诚的生活方式，决定浪迹天涯。他抛下家庭、孩子和工作，拒绝接受已有的荣誉和收获，长期生活在远离人烟的太平洋小岛——塔希提岛，一直住到去世为止。他创作的油画《沙滩上的两个女人》，以其艺术倾向表现出对现代文明的偏离，并以风格化的艺术，为现代法国印象派艺术，尤其是野兽派绘画的产生带来巨大影响。无独有偶的是以子弹结束自己年仅 37 岁生命的荷兰印象派画家梵高，他所创作著名的《向日葵》和《阿尔的教堂》，也是在他处于最艰难困苦的情况下产生的。

荷兰唯物主义哲学家斯宾诺莎也很贫穷，但他为眼镜商磨眼镜的工作为他提供了一定的收入。他拒绝接受教授职位，也不愿接受津贴，无论生与死他都选择独立的方式。法国数学和力学家拉格朗日说："如果我很富有，我就不会成为一位数学家。"他总是把自己的名望与幸福归功于他父母的贫穷。

类似于这样的出身贫困还可以列举出一大堆科学家与艺术家的名字，拜伦、西尼、史密斯、伯彭斯、约翰逊……

最伟大的作家和艺术家，总是如此执著地把自己内心的灵魂投到工作中去，以至于他们并不关心他们卓越的努力成果可以换来多少金钱。如果他们首先考虑的是金钱，我们这个世界或许就无法获得他们那天才般的作品了。若是仅仅为了 5 英镑的版权费，弥尔顿决不会在《失乐园》上耗费多少心血。如果仅想通过工作赚得生活所需，黑格尔也不会历经 20 年的艰苦，攀登达到思想的巅峰，马克思更不会写出《资本论》了。正如孟德斯鸠所说：当一个人一无所有时他并不贫穷，只有他不去工作，或者不能工作的时候，那才是真正的贫穷。

我们常听见有的家长说，他们拼命地工作，是为了给孩子留下很多的钱。但他们没有想到，这样做恰恰是把孩子在生活中的冒险精神一笔勾销了。因为，给子女们留下的钱越多，孩子们就越软弱无力。我们给子女留下最好的遗产，就是放手让他们自奔前程，完全依靠他们自己的双手去开拓自己的前程，走自己的路。

美国著名的舞蹈家、现代舞的创始人邓肯说："对那些有钱人家的孩子，我毫不羡慕，反而会可怜他们。他们生活得狭隘而且愚蠢，使我万分惊讶。同这些百万富翁的孩子们比起来，在使生活过得有价值的每一件事情上，我显然要比他们富有1000倍！"

从某种程度上说，贫穷净化了人的道德，振奋了人的精神。在真正的勇士眼里，艰辛也是一种快乐。人的勇气、正直、大度，往往不取决于他的财富，反倒取决于他的贫寒卑微。"一切人中，最幸福的往往是穷人，而不是富人。贫穷并不丢脸，如果在贫穷中能够保持诚实自信，那是值得赞美的事。"斯迈尔斯说。

物质贫困并不可怕，只要不因精神上的贫困而沮丧，那么，就有能力摆脱物质贫困。

但是要记住：如果我们手里有一副不是太差的牌，我们就一定要去争取赢；如果不幸摊到了一副不能再糟的牌，我们也要尽可能地找出一二张还算不赖的牌作为强项，使结局变得相对好些。而且，牌桌上不止我们一个人。它是一种机遇，我们可利用上下家的环境机运，巧妙地把一张张没用的牌打出去，或许我们还是能转败为赢的。坏牌不一定输——古希腊诗人荷马是个四处吟唱的盲歌者，美国著名女社会活动家海伦·凯勒以顽强的毅力战胜了聋哑瞎的厄运，他们比谁的牌都糟，但他们都没有输。

告别过去，不再平庸

你曾经也愿意付出，但是千百次的失败磨蚀了你蓬勃的信心，折断了你振翅欲飞的翅膀。也许你一再地相信那些欺骗自己的苍白的托辞，一直笼罩在自己设置的阴影里，任时光悄然无痕地流逝。那些痛苦的经历和不幸的错误一天天地在精神上折磨你的记忆……

面对那些痛苦的经历和不幸的错误，我们只有一件事情可以做，那就是忘记它！今天，就是忘记这些痛苦记忆的最好时间！把这个陷阱彻底摧毁！

如果你认为过去你已经浪费了很多精力和时间，那么，在未来的日子中，你就更不应该一蹶不振，那样只会令你浪费更多的时间和精力，失去更多的信心和快乐。或许我们都曾绝望地站在街的一角，妒忌地瞪着那些成功、富有的人们洋洋得意、不可一世地招摇过市。扪心自问：莫非这些人被幸运地赋予了超人的智慧、巧妙的技巧、惊人的勇气、蓬勃的野心，或别的优秀的品质，而我们自己却一无所有吗？莫非他们都有博大的胸怀和成就大业的资质，而我们什么也没有吗？莫非他们生而幸福，而我们就是为痛苦而生的吗？来自心灵深处一个清晰的声音告诉我们："不！"

人生来就没有什么差别，生命中的痛苦、挫折并不是谁的专利，即便是最幸福、最成功的人也曾遭遇过。但因为他们抱有坚

定的人生信念：经历风雨才能见彩虹，经历黑暗才能见光明，他们最终成为了成功者。

你应该下决心将那些让你痛苦、让你气馁的东西统统关在心灵大门之外，把自己从那些不愉快的经历中解脱出来，扔掉一切阻碍你前进的思想包袱。让自己轻装上阵，勇往直前，向前看，不要再向后望！你应该养成自我解脱、自我激励的习惯。

抹去不愉快的、痛苦的记忆，追求新的生活和快乐，这应该成为我们的生活准则。忘记所有阻碍你前进、令你痛苦、令你自卑、令你恐慌的事物，不要再让已经过去的痛苦来制造你现在和将来的不幸。记住：对待那些令人心碎的经历你只有一件事情该做——忘记它们！

人的一生肯定会遇到很多这样的情况：当你做一件事遇到麻烦的时候，你常常会觉得中途放弃比继续前进要容易、轻松得多；但是，在退却中是没有胜利可言的。所以，当我们做事的时候，不应该给自己留下任何退却、退缩的后路，我们不能放纵自己的软弱、恐惧和不自信。什么时候最令你感到骄傲和自豪？那就是你明明知道前进的路上有无数坎坷和磨难，但你依然鼓足勇气、义无反顾地向前冲的时候。

对于大多数人来说，他们面临的最大的敌人往往就是自己：他们总是无法挣脱那些痛苦的记忆，总是害怕失败，于是，他们想到逃避失败的最好办法就是根本不去尝试。其实很多事情的成败决定于人们是否有信心，是否有乐观向上的生活态度。把失望、忧虑、恐惧和不自信都统统抛在脑后吧，前进的路上它们不会为你减少麻烦，只会制造更多的麻烦。对于一个人来说，最可怕的事情莫过于对生活的绝望。当一个人坚信自己一生下来就注定是个不幸的人的时候，他就已经放弃了生活，扼杀了自己的快乐。命运掌握在你自己手中，而不是由其他人为你决定。自己的一生应该交给自己，而不是上帝。当我们明白耐心和时间比热情和力量重要得多时，我们才能开始收获。我们的希望，也必须经过耐心和毅力的磨砺，才能慢慢成真。

过去的路可能沾满了泪水，可是泪水绝对不应当白白流淌！告别自怨自艾的自己，你将不再平庸。

走出平庸需要不断提升自己

人生是一个成长的过程，也是一个不断学习的过程。"人生有涯，而知识无涯"。不管你有多能干，你曾经把工作完成得多么出色，如果你一味沉溺在对昔日表现的自满当中，"学习"便会受到阻碍。要是没有终身学习的心态，不断追寻各个领域的新知识以及不断开发自己的创造力，你终将丧失生存能力。因为，现在的职场对于缺乏学习意愿的人很是无情。一个人一旦拒绝学习，就会迅速贬值，所谓"不进则退"。转眼之间就被抛在后面，被时代淘汰。

随着社会的发展，知识的作用愈加重要。在 17 世纪，英国哲学家培根就提出了"知识就是力量"的著名论断，今天已经被社会发展的现实所证实。知识能够帮助你快捷地获取信息，扩大你的视野，提升你的思维能力，增强你的分析能力，强化你的决断能力。在这个日新月异、网络信息技术日益升温的时代，你如果不每天学习、不断充电，那么很快你就会落伍，就会被这个时代淘汰。因此，无论在何时何地，每一个现代人都不要忘记给自己充充电。尤其是在竞争激烈的工商业界，个人必须随时充实自己、奠定雄厚的实力，否则便会被社会淘汰。

大多数人从学校毕业后进了社会就失去了进修之心，这种人以后是不会再有什么进步的。反之，学生时代即使不显眼，但步入社会后仍然勤勉踏实地自觉学习应学的事，往往都会有长足的进步。一张文凭的"保鲜期"能有几年？随着知识更新速度的不断加快，在一些高新技术领域，今天学到的知识明天就会被"刷新"。须知，在现代社会中，不充电很快就会没电。现代生活变化迅速，节奏加快，要求我们必须抱定这样的信念：活到老，学到老。

环顾古今，每一次社会的变革和历史的前进，都是依靠知识作为其坚强的后盾，可以说知识是推动人类文明前进的最大动力。而世界每时每刻都在不停变化，如果我们在这一刻停下来，难保下一秒不会被时代无情地抛弃。若你是一个明智的人，就必须要不断求知，不断地丰富自己。

"汽车大王"福特在少年时代，曾在一家机械商店当店员，虽然周薪只有 2.05 美元，但他每周却要花 2.03 美元来买机械方面的书，从不间断。当他结婚时，除了一大堆五花八门的机械杂志和书籍，没有任何其他值钱的东西。然而，就是这些书籍，使福特向他梦想已久的机械世界不断迈进，最终开创出了一番大事业。功成名就之后，福特说道："对年轻人而言，学得将来赚钱所必需的知识与技能，远比蓄财来得重要。"

当今时代，世界在飞速变化，新情况、新问题层出不穷，知识更新的速度更是大大加快。人们要适应不断发展变化的客观世界，就必须把学习从单纯的求知，变成一种生活的方式，努力做到终身学习。终身学习，是我们不断完善和发展自我的必由之路。只有持续学习，才能不断获得新知，增长才干，跟上时代的步伐。即使你已经具有丰富的知识，也还是要不断充实自己。

终身学习已陆续为人所重视：在美国、加拿大，终身学习制已开始执行，一些发达国家也陆续提出要构建学习型社会，而我国，"终身学习"的口号也日渐被响亮地喊出。终身学习的观念已经日益深入人心，必将成为时代的趋势。认识到了终身学习的重要意义，就要把学习视为吃饭、睡觉一样为需所求，终生不辍。

孔子主张："活到老，学到老"；庄子提到"吾生也有崖，而学也无崖"；我国近代教育家陶行知也强调"整个寿命的学习"。这些古老的教育观念放在今日的社会中仍然适用。从中我们不难发现，当知识经济时代来临时，无论经济、科技还是生活和工作的各个领域，"学习即生存"，谁掌握知识，谁就占据主动。

有位记者曾问亚洲首富李嘉诚："李先生，您成功靠什么？"李嘉诚毫不犹豫地回答："靠学习，不断地学习。"不断地学习知识就是李嘉诚成功的奥秘！

李嘉诚勤于自学，在任何情况下都不忘记读书。青年时打工期间，他坚持"抢学"，创业期间坚持"抢学"，经营自己的"商业王国"期间，仍孜孜不倦地学习。李嘉诚一天工作十多个小时，仍然坚持学英语。早在办塑料厂时就专门聘请一位私人教师每天

早晨 7 点 30 分上课，上完课再去上班，天天如此。当年，懂英文的华人在香港社会是"稀有动物"。懂得英文，使李嘉诚可以直接飞往英美，参加各种展销会，谈生意可直接与外籍投资顾问、银行的高层打交道。如今，李嘉诚已年逾古稀，仍爱书如命，坚持不断地读书学习。

李嘉诚说："在知识经济的时代里，如果你有资金，但缺乏知识，没有最新的信息，无论干何种行业，你越拼搏，失败的可能性越大；如果你有知识，没有资金的话，小小的付出就能得到回报，并且很有可能达到成功。现在跟数十年前相比，知识和资金在通往成功的道路上所起的作用完全不同。"

停止了学习，也就停止了发展。只有把学习和生活融为一体，使学习成为自身发展的必然需要，在学习中不断发展，才能从一个台阶迈向另一个台阶，才能从成功走向卓越。成年人慢慢被时代淘汰的最大原因：不是年龄的增长，而是学习热情的减退。

以微笑的态度对待生活

有一个女孩被强暴了，非常痛苦。她就找心理学家去咨询。一见到心理学家就哭了，并泣不成声地说："我好惨呵，我多么的不幸呵，我这一辈子都忘不了这件事情了……"

心理学家当场对她说："这位小姐，你被强暴是你自愿的。"

听完这句话，这位小姐吓了一跳，说："你说什么，我怎么可能自愿被强暴？"

心理学家对她说："你被他强暴一次，但如果你的心里天天心甘情愿地被他强暴一次，那你一年下来，就会被他强暴365次。"

"这是怎么回事呢？"女孩不解地问。

"在你身边发生了一件不好的事情，你好像看了一场不好的电影一样，天天在回想，这不是很笨的事情吗？这与重蹈覆辙有什么区别呢？"

事实上，人的注意力是有限的。当你在注意一件事情的时候，你就注意不到其他事情。所以，从抑郁中摆脱出来的方法并不复杂。只要你脑海中的"电影"改变了，你不要再在脑海里放你不喜欢的电影，而去放一部新的、喜欢的电影，就很容易改变这种情况。

让我们来看一个发生在非洲的故事。有位探险家到非洲一个尚未开发的地区去，他随身带了些小饰物要送给当地原住民，礼物当中还包括了两面能照全身的镜子。探险家把这两面镜子分别靠在两棵树旁，然后席地而坐，与随行的人商议探险的事。这时，有个原住民手持长矛走了过来，他望见镜子，并从中看到了他自己的影子，他立刻对着镜里的影子刺了过去，就像那是个真人一样，他发动各种攻势要置镜中人于死地，当然镜子当场就粉碎了。

这时，探险者走了过来，问他为什么要打破镜子？原住民答道："他要杀我，我就先杀死他。"探险家告诉他镜子不是这么用的，说着，把原住民带到另一面镜子前，示范道："你看，镜子这个东西可以用来看看头发有没有梳整齐，看看脸上的油彩涂得好不好，看看自己的身体有多么魁梧强壮！"

原住民惊叹道："哇，我不知道。"

第四章　身处平凡不做平庸

成千上万的人也正像那个原住民一样。他们终其一生都与自己的生命为敌，认为无处不是艰苦的奋战，结果也真的弄得痛苦不堪。他们总是疑心有人与自己为敌，结果当然有。他们总是预期生活中有解决不完的问题，结果也真如其所料。所谓"人无远虑，必有近忧"，"困难永远存在"说的就是这个道理。

这种认识由来已久，而许许多多还没认清自己的"能力"的人也将继续因循下去。这种能使世界完全改观的力量就像未出土的钻石一样，将永远深藏在地底。而多数人仍将过着平庸甚至可悲的日子，因为他们错失了这股力量，也一直未能及时再次把握它。

英国作家萨克雷有句名言："生活是一面镜子，你对它笑，它就对你笑；你对它哭，它也对你哭。"确实，不管你生活中有什么不幸和挫折，你都应以欢悦的态度微笑着对待生活。

平庸之辈当不了英雄

当你选好了你的角色，那就承担它的后果，不要打算与世无争。英雄不会是平庸之辈，平庸之辈也当不了英雄。英雄主义的特征就在于锲而不舍。人人都会心血来潮，慷慨激昂。然而只有不满足于平庸，才能追求最好，你选好了你的角色，那就承担它的后果，不要打算当个软骨头与世无争。

在这个世界上，有太多的人自以为地位太卑微，别人所有的种种成就，都是不属于自己的，都是自己不配享有的。这种自卑自贱的观念，往往成为不求上进、自甘堕落的主要原因。有了这种卑贱的心理后，当然就不会有精益求精的想法了。许多青年人，本来可以做大事、立大业，但实际上却整天做着小事，过着平庸的生活，原因就在于他们自暴自弃，没有远大的理想，不具有坚定的进取心，不愿意追求卓越。

造物主赋予我们每个人一种突出的才能，也许你有管理的才能、绘画的天赋、思考的资质等。无论你的特长是什么，你都应该积极地把你的才能发掘出来并发挥得淋漓尽致。为自己设定一个比他人更高的标准，之后不推脱、不敷衍，尽全力地去做。这样的人是一个异常优秀的人，他们不仅仅会做别人要求他们做的，而且会出人意料地做得非常完美。

一个雕刻家，自从爱上雕刻工作后，从来没有好好睡过一次觉。每当有作品需要创作的时候，他的一日三餐仅是几片面包。他本来并不是一个孤僻的人，但随着从事雕刻工作的时间越长，他越来越无法跟人沟通。他最大的痛苦是无法容忍自己的作品出现一点瑕疵。一旦他在一件雕像中发现有错，就会放弃整个作品，转而雕另一块石头。所以，他留给这个世界的作品很少。

他的名字叫米开朗基罗，一位天才的雕刻艺术家。

任何值得做的事，都值得做好；任何值得做好的事，都值得做得尽善尽美。每一个人的一生中至少应该有一次受到一个追求完美的人的影响。只有这样，普通人才能认识到自己惊人的潜力。一个人因为只热爱最完美的东西，所以才是"一般好"的仇敌。懂得这一点，你就可能憎恨一知半解、一技半能、三心二意，就可能在你心中点燃起追求完美的热情火焰。

做什么事情如果达到痴迷忘我的程度，那离成功也就不远了。曾经有人说马克思在求学的时候，在图书馆的书桌下的地面上印有两只深深的脚印。追求卓越像是一块坚强厚重的磨石，它会砥砺你，把你的工作带到最完美的境界。也许十全十美永远难以企及，但是，只要你是在不停地追求，你就不会在原来的起点原地踏步。一开始也许你只是一个实习生，后来做秘书，然后是主管，而这一切都是建立在不断追求的基础之上的。如果你真正拥有这种品质，你还可以自己当老板。为什么你只能做别人正在做的事情？为什么你不可以超越平庸呢？

从平庸到优秀只有一步之遥，但有的人终其一生也无法跨越。只有当你选择了如何优秀，你才能接下来做到如何卓越。有了尽最大的努力把事情做好的志向，不断对自己提出严格的高标准，你就会赢得别人的尊敬，做出令人吃惊的成绩。

塑造一个"全新的自己"

人生是由一连串的改变形成的。当你的环境、教育、经验、吸收的信息发生变化，你的心理多多少少都会产生不同程度的变化。改变就是机会，只要你及时处理，就会有好的机会与开始，而且，唯有良好的自我改变，才是改变事情、改造状况，甚至改变环境的基础。

许多时候，担心是多余的，欣然地面对现实，勇敢地接受挑战，就会塑造一个"全新的自己"。改变自己就要学会接受新事物，因为每个人都有着无限的潜能等待开发，只可惜，我们往往限制住自己的心态。科技进步的速度快得惊人，相对也引导社会各方面的发展，如果你仍一味地沿用旧的思想、旧的做法去做人做事，那就会被社会淘汰。所以，千万不要当个死硬派，很多不该再坚持的观念，何苦抓住不放呢？接受新思想，摒弃不适当的旧观念，会使你改造自己，成为扩大格局的好起点。

日本保险业泰斗原一平，刚进入日本明治保险公司开始他的推销生涯时，穷得连午餐都吃不起，经常露宿公园。

有一天，他向一位老和尚推销保险。等他详细地说明之后，老和尚平静地说："听完你的介绍之后，丝毫引不起我投保的意愿。"老和尚注视原一平良久，接着又说："人与人之间，像这样相对而坐的时候，一定要具备一种强烈的吸引对方的魅力，如果你做不到这一点，将来就没什么前途可言了。"原一平哑口无言，冷汗直流。

老和尚又说："年轻人，先努力改造自己吧！"

"改造自己？"

"是的，要改造自己首先必须认识自己，你知不知道自己是一个什么样的人呢？"

老和尚又说："你在替别人考虑保险之前，必须先考虑自己，认识自己。"

"考虑自己？认识自己？"

"是的！赤裸裸地注视自己，毫无保留地彻底反省，然后才能认识自己。"

从此，原一平开始努力认识自己，改善自己，大彻大悟，终

于成为一代推销大师。

人生在世，谁不渴望出人头地？美国成功哲学演说家金·洛恩说过这么一句话："成功不是追求得来的，而是被改变后的自己主动吸引而来的。"我们之所以没有成功，是因为在我们身上存在着许多致命的缺点，如自私、傲慢、急躁、没有明确的人生目标、缺少自信、做事情不脚踏实地、没有耐心等，这些缺点严重制约了我们的发展。只要对自己进行深刻的检讨，采取改进措施，你的精神面貌就会发生巨大变化，你会感觉到自己在一天天地向成功迈进。

适者生存，这是人类一切问题的答案。试图让整个世界适应自己，这便是麻烦所在。试图让一切适应自己，这是很幼稚的举动，而且是一种不明智的愚行、想要改变世界很难，而改变自己则较为容易。如果你希望看到自己的世界改变，那么第一个必须改变的就是自己。

世界是在不断发展变化的，每个人也是在不断发展变化的。变化始终存在，不管这变化是好是坏，我们必须接受，而变化的好坏往往取决于人的适应能力。要适应瞬息万变的社会，我们必须做出改变，而且，改变必须从今天开始，马上开始，从自己开始，从每一件小事开始。这样才能获得成功！

成功在于不断地超越

让自己进步的方法很多，"每天做点困难的事"，就是"逼"自己进步的办法之一。美国学者爱默生说："永远做你害怕的事！"毕业于哈佛大学的美国哲学家詹姆斯也说："你应该每一两天做一些你不想做的事。"这两句话讲的都是同一个永恒不灭的真理，它是人生进步的基础和上升的阶梯。的确，谁不想安安稳稳地走完人生之路，谁愿意累死累活地跟自己过不去呢？可是，如果不这样，我们就不可能进步。

如果你是一位营销人员，但是，当众演讲又是你最发憷的事情？那你就每天"逼"自己对着镜子练习讲话；如果你是一位公关人员，但是，你恰巧又是一个内向的人，那你就每天"逼"自己主动与业务伙伴联系，或是打电话，或是发 E-mail，或是相约见面；如果你从中学时就讨厌学外语，可是你又想获得硕士学位，那就不得不硬着头皮，每天"逼"自己练习听力、复习语法，再一口气做完一套模拟试题……

成功者在种种复杂而恶劣的环境里，仍然能一如既往地保持不断向前超越的观念。只有如此，才能获得更大的成功。成功，在于不断超越。超越是一种突变，一种解放，一种升华，正是这种超越，人类才能从蒙昧无知的洪荒远古走向文明昌盛的今天。只有勇于超越，不停地调整人生的目标，我们才能从一个高峰跃向另一个高峰，在生命的峰巅之上，领略壮美的风光。

低调不低能 平凡不平庸

　　一位音乐系的学生，其指导教授是个极其有名的音乐大师。授课的第一天，教授给自己的新学生一份乐谱。"试试看吧！"他说。乐谱的难度颇高，学生弹得生涩僵滞、错误百出。"还不成熟，回去好好练习！"在下课时，教授如此叮嘱。

　　学生练习了一个星期，没想到第二周上课时，教授又给他一份难度更高的乐谱，"试试看吧！"学生再次挣扎于更高难度的技巧挑战。第三周，更难的乐谱又出现了。同样的情形持续着，学生每次在课堂上都被一份新的乐谱所困扰，然后把它带回去练习，接着再回到课堂上，重新面临两倍难度的乐谱，却怎么样都追不上进度，一点也没有因为上周练习而有驾轻就熟的感觉，学生感到越来越不安、沮丧和气馁。教授走进练习室。学生再也忍不住了。他必须向钢琴大师提出这三个月来何以不断折磨自己的质疑。教授没开口，他抽出最早的那份乐谱，交给了学生。"弹奏吧！"他以坚定的目光望着学生。

　　不可思议的事情发生了，连学生自己都惊讶万分，他居然可以将这首曲子弹奏得如此美妙、如此精湛！教授又让他弹奏了第二堂课的乐谱，学生依然呈现出超高水准的表现……演奏结束后，学生怔怔地望着老师，说不出话来。

　　"如果，我任由你表现最擅长的部分，可能你还在练习最早的那份乐谱，就不会有现在这样的水平……"钢琴大师缓缓地说。

　　人的一生，最大的敌人不是别人，而是我们自己。只有超越自我，才能懂得怎样去衡量别人的价值；只有超越自我，才明白如何接纳自己以外的一切；只有超越自我，才能使自己的人生更加丰富多彩；只有超越自我，才能展望到生命的全貌，绘画出人生没有断点的轨道。

有一个心理学家曾经说过："你一定比你想象的还要好。"但是许多人并不这样认为。杰出人士往往在小小年纪时就怀有大志，就想与众不同，无论遇到任何磨难，仍相信自己是最好的。你是不是有这样的信念，有别人打不倒的自信心呢？你的坚持有多强，你的自信就有多强，你的路就有多长。

每一个人都应该永远记住这样一个道理，只有不断超越自我的人，才是一个真正聪明的人。人生在世，你只要按照自己的禀赋发展自己，不断地抛开心灵的束缚，你就不会忽略了自己生命中的太阳，而湮没在他人的光辉里。不要以为自己很聪明就不努力，你应该把聪明看成一个新起点，而不是终点。一切都会成为过去，迎接你的将是一个个新的挑战。

世界著名的大提琴手巴布罗·卡沙斯在取得举世公认的艺术家头衔后，并没有为此而不再练习，不再努力，他还是和以前一样，依然每天坚持练琴 6 小时，养成了"行动再行动"的良好习惯。有人问他为什么仍然还要练琴，他的回答很简单："我觉得我仍在进步。"

人生是一条奔腾不息的河流，永远不会停留在一个地方，也不会停留在某一阶段，它需要不断地超越。超越是升华，是突变，是人生不可缺少的阶段。没有这种超越，一个人就不可能成长为一个真正的人；没有这种超越，人类就不可能从愚昧无知的远古走到文明昌盛的今天。人活在世上，不能总为自己的那点"小成绩"而沾沾自喜，贪图安逸享受，放弃了努力奋斗的过程。满足现状的人，永远也享受不到人生的真正乐趣。

只有不断超越，才能领先竞争对手，才能在竞争中赢得更大的胜利。竞争是人才的竞争，更是技术创新的较量。能不能在以后的日子里，继续保持领先的地位，需要我们一如既往地努力工作，更需要我们不断地去超越，从而来保持自己永远不败的地位。

前进有方向，人生不凡响

世界顶尖潜能大师安东尼·罗宾曾经这样说："有什么样的目标，就有什么样的人生。"

没错，很多人不知道他们该做什么，不知道该怎样做，就是因为没有目标。

很多人都知道摩托罗拉这个商标。其实，摩托罗拉公司就是因追逐目标而成功的典型。他们是美国国家品质奖的得主。也许有人觉得这个奖只是一座不太起眼的小雕像，但是它却象征着美国企业界的最高荣誉。要赢得此奖，绝非易事，因为你必须让人确定无疑地相信，自己能生产全国品质最好的产品。

1988年，有66家公司参与这个奖项的争夺，竞争非常激烈。很多参赛单位，实际上都是大公司的一个部门，比如惠普、IBM等的生产部门。而摩托罗拉则是整个公司参与竞争，最终得到了这个奖项：

事实上，摩托罗拉的准备工作从1981年就开始了，它派遣侦察小组，到世界各地最优秀的生产地去考察，不仅看别人怎样生产，也看别人怎样做到精益求精。

降低生产中的错误率，成了全公司的唯一目标。一批以时计酬的工人，负责指出错误并有奖赏。工程师将所设计的移动电话零件数目，由 1378 项减至 523 项。结果是：错误率降低 90%。但摩托罗拉仍不满意。

很快，公司设定了新的目标。就移动电话而言，目标是：每产生 100 万个零件，其中，仅能容许三四个错误。也就是说，要求所生产的电话的合格率达到 99.9997%。

在这种目标的激励下，摩托罗拉的品质变得无可挑剔，连负责评审美国国家品质奖的蓝带小组也不得不叹服。

这样做值得吗？为了一尊小小的奖杯，近乎苛刻地要求全体员工。

1988 年度，也就是评选美国国家品质奖的当年，摩托罗拉因减少了昂贵的零件修复与替换工作而节省了 2.5 亿美元，而收入更是增加了 23%，利润则提高了 44%，达到前所未有的纪录。这样的盈余回报是令人欣慰的，也出乎原先的预期。

在这样的结果的激励下，摩托罗拉全公司上下士气高昂。一名主管声称："得美国国家品质奖，有一种金钱买不到的奇效。"

这就是目标的效力，有什么样的目标就有什么样的人生。目标的作用，也许有时是一个时时刻刻看得见的激励，也许有时会带来意外的收获。找准一个目标，人生就好像有了罗盘的指引，一切行为都有了方向。成功也就会清晰可见。

理想要远大，目标要具体

理想和目标不是转眼之间可以到达的，在未付出艰苦努力之前，空望着那遥远的目标着急是没有用的。而唯有从基本做起，按部就班地朝着目标进行才会慢慢地接近它、达到它。虽然目标远在将来，是有待实现的，但目标能使人把握现在。因为大目标是由许多小目标组成的，人生目标是由一系列步骤组成的。

人生的时间、精力有限，想让有限的时间、精力造就人生最大的成功，就必须选择成功价值最大的事情去做。目标明确具体，人们的行动才会有较高的效率。如果一个人确定的目标不具体，他就无法知道自己向目标前进了多少，中途就可能彷徨停滞，甚至完全放弃。许多失败都与目标的不明确、不具体有关。

梦想只有落实在具体目标上，通过具体目标来实现才会有意义。设定目标是所有成就的出发点。目标能使人增强进取心，目标推动人把思想变成行动，目标激励人勇敢地面对困难，永不气馁。

歌德说："向着某一天终于要达到的那个终极目标迈步还不够，还要把每一步骤看成目标，使它作为步骤而起作用。"成功人士能把握现在，就是因为他们不但善于制订大目标，而且还善于把大目标分解成小目标或小步骤。他们知道，只有实现了一个又一个的小目标，才能最终实现大目标。因此，当他们做好当前手中的工作时，心中都清楚现在的种种努力都是在为实现将来的大目标而铺路，因而他们能得到预期的成功。

1871年的春天，英国医学院的学生威廉斯勒不明白应该怎么处理远大的理想和具体的身边小事，一个人应该有怎么样的做事态度才能成功。他的老师的一句话让他眼前一亮："最重要的，就是不要去看远方模糊的，而要做手边最具体的事情。"他这才恍然大悟：是啊，不论多么远大的理想，都需要一步步实现；不论多么浩大的工程，都需要一砖一瓦垒起来。

也就是从那一天开始，威廉斯勒开始埋头读书，两年以后，威廉斯勒以全校最优异的成绩毕业并来到一家医院做医生。他认真对待每一个患者，对每一次出诊都一丝不苟。兢兢业业的态度和精益求精的精神，使他很快成了当地的名医。几年以后，他创办了约翰·霍普金斯学院。他把自己的人生态度贯彻到每一个细节里。许多专家学者慕名来到他的学院工作，使他的学院很快成为英国乃至世界最知名的医学院。威廉斯勒总是告诉他身边的人：最重要的是把你手边的事情做好，这就足够了。

大目标的实现是基于小目标的累积，大成就的达成是基于小成就的累积。为了你已经决定去做的那个重要项目，放弃其他所有的事。那些远大的理想，应该让它们高悬在未来的天空里，最紧要的，是把自己手边的每一件具体事做好。单是对自己那无法实现的愿望焦急慨叹是没有用的。要想达到目的，必须从头开始，一次次的小成功，慢慢才会累积成大的更接近理想目标的成功。

将远大的人生目标分解成一个又一个阶段性的目标，为每个阶段性目标做好周密的计划并按计划落实，只有这样，才能真正迈上成功的阶梯。卡耐基说："我们不要停留在看远方模糊的事情，

要着手身边清晰的事情。"选择一个你最想要的事物，把它马上明确下来，明确就是力量。它会根植在你的思想意识里，帮助你达成所想要的一切。

眼光看得远，才会跳得高

不少人认为天才或成功是先天注定的。但是，世上被称为天才的人，肯定比实际上成就伟大事业的人要多得多。为什么许多人始终平庸、一事无成，就是因为他们缺少雄心勃勃、排除万难、迈向成功的动力，不敢为自己制定一个高远的奋斗目标。不管一个人有多么超群的能力，如果缺少一个认定的高远目标，他将终身平庸、一事无成。

很多时候，我们有一番雄心壮志时，就习惯地告诉自己："算了吧，我想得未免也太过了，我只有一个小锅，可煮不了大鱼。"我们甚至会进一步找到借口来劝自己："我的胃口没有那么大，还是挑容易一点的事情做就好。别把自己累坏了。"其实，你应该放开思维，站在一个更高的起点，给自己设定一个更具挑战性的标准，才会有准确的努力方向和广阔的前景。切不可做"井底之蛙"。在订立目标方面，千万不要有"宁为鸡首，不为牛后"的思想。

"眼睛所看着的地方就是你会到达的地方。"戴高乐说，"唯有伟大的人才能成就伟大的事，他们之所以伟大，是因为决心要做出伟大的事。"田径老师会告诉你："跳远的时候，眼睛要看远处，你才会跳得更远。"

几年以前的一个炎热的日子，一群人正在铁路的路基上工作，这时，一列缓缓开来的火车打断了他们的工作。火车停了下来，最后一节车厢的窗户打开了，一个低沉的、友好的声音响了起来："大卫，是你吗？"大卫·安德森——这群人的负责人回答说："是我，吉姆，见到你真高兴。"于是，大卫安德森和吉姆·墨菲——这条铁路的总裁，进行了愉快的交谈。在长达一个多小时的愉快交谈之后，两人热情地握手道别。

大卫·安德森的下属立刻包围了他，他们对于他是墨菲铁路总裁的朋友这一点感到非常震惊。大卫解释说，二十多年以前，他和吉姆·墨菲是在同一天开始为这条铁路工作的。其中一个人半认真半开玩笑地问大卫，为什么他现在仍在骄阳下工作，而吉姆·墨菲却成了总裁。大卫非常惆怅地说："23年前，我为一小时两美元的薪水而工作，而吉姆·墨菲却是为这条铁路而工作。"

眼睛要看远处，你才会跳得更远跟高。越是卓越的人生越是梦想的产物。可以说，眼光看远处，人生就越丰富，达成的成就越卓越。没有眼光的人，人生的可塑性越差。俗话说："期望值越高，达成期望的可能性越大。"

梦想不妨大一点

在决定一个人成功的因素中，体力、智力、接受教育的程度都在其次，最重要的是一个人梦想能力的大小。有史以来所有成功的案例都反复证明了一个道理，高瞻远瞩的梦想是神奇无比、无坚不摧的。你只需调动所有的潜能并加以运用，便能脱离平庸的人群，步入精英的行列之中。把你的梦想提升起来，它不应该退缩在一个不恰当的位置，要学会接受梦想的牵引。

美国潜能成功学大师安东尼·罗宾说："如果你是个业务员，赚1万美元容易，还是10万美元容易？告诉你，是10万美元！"为什么呢？如果你的目标是赚1万美元，那么你的打算不过是能糊口便成了。如果这就是你的目标与你工作的原因，请问你工作时会兴奋有劲吗？你会热情洋溢吗？

一个梦想远大的人，即使实际做起来没有达到最终目标，可他实际达到的目标都可能比梦想小的人的最终目标还大。所以，梦想不妨大一点，梦想可以燃起一个人的所有激情和全部潜能，载他抵达辉煌的彼岸。有了梦想，不要把"梦"停留在"想"，一定要付诸行动，制定目标，可以带给我们真正需要的方向感。独具慧眼的人，决不会把视野局限在眼前的小利上，而是用极有远见的目光关注未来。

蒙提·罗伯茨在圣司多罗有个牧马场，他在一次活动的致辞里提到这个故事：初中时，有一次老师叫全班同学写作文，那一晚，一个小男孩费了很大的心血把作文写成了，他描述他的宏伟志愿是拥有一个属于自己的牧场。他仔细地画了一张200亩牧场的设计图，上面标有马厩和跑道的位置，在这一大片农场中央还要建一栋占地400平方米的豪宅。

两天后，他拿回了作文，看到第一页上打了个又红又大的"F"，小男孩下课后带着作文去找老师："为什么给我不及格？"老师回答说："你小小年纪，不要老做白日梦。你没有钱，没有家庭背景，什么都没有，你别太好高骛远了。"他接着说："如果你肯重写一个不怎么离谱的志愿，我会重新给你打分。"小男孩回家反复思考了很久，然后征询父亲的意见。父亲对他说："儿子，这是非常重要的决定，你必须自己拿主意。"经过再三考虑，这个男孩决定原样交回。他告诉老师："即使不及格，我也不愿意放弃梦想。"

"我讲这个故事，是因为各位现在就身处于那200亩农场及占地400平方米的豪宅，那份初中时写的作文我至今还保留着。"罗伯茨对大家说："两年前的夏天，那位老师带了30个学生来到我的农场露营一个星期，离开之前，他对我说：'蒙提，说来有些惭愧，你读初中时我曾泼你冷水，幸亏你有这样的毅力坚持自己的梦想。'"

开始时心中就怀有一个远大的目标，会让你逐渐具有一种良好的工作方法，养成一种理性的判断思维和工作习惯。如果一开始心中就怀有宏伟的最终目标，就会呈现出与众不同的眼界。有了一个高的奋斗目标，你的人生也就成功了一半。如果思想苍白、格调低下，生活质量也就趋于低劣；反之，生活则多姿多彩，尽享成功乐趣。

许多伟人都坚信：你的目标越大，你的成就就越大。洛克菲勒说："你要永远记得，构建伟大的梦想不一定比构建渺小的梦想花费你更多的时间和精力，而它却会带给你更多的回报。"当你的工作只是为了自己短期的利益时，你的动力不是最强烈的，一旦遇到挫折就会放弃。当你的工作是为了长期的利益而着想时，

你的动力是强烈的，一旦遇到挫折，你会为了这种使命感而坚持到底并全力以赴。成功者之所以有强大的动力和不断努力，在于他们内心深处都有一种使命感。

有"野心"的人不会平庸

人没有野心终不能成大事。"野心"本身并没有错或对，错或对的标准只在于你所追求的目标是什么，只要你所追求的东西是正常的，那拥有一份强烈的"野心"对自己就是一件好事。美国加利福尼亚大学的心理学家迪安·斯曼特研究发现，"野心"是人类行为的推动力，人类通过拥有"野心"，能够使自己不会陷于"平庸"的泥坑，可以有更多的力量攫取更多的资源。

某些人之所以平庸，大多数是因为他们缺乏野心。他们所追求的只是一种闲适、无为的生活，有的甚至只要温饱就行，这就恰恰是他们一辈子平庸的原因。因为他们的目标就是做穷人，当他们拥有了最基本的物质生活保障时，就会不思进取，得过且过，没有野心，从而困于贫穷，终身平庸。

一些平庸的人就是缺少一些欲望、一些野心，缺少的就是敢想、敢做的精神。一个没有出类拔萃欲望的人，他也许是一个甘于淡泊的人；一个没有野心的人，他也许是一个踏实诚恳的人。但是，没有向上的欲望，何来动力？没有野心，何来目标？没有野心，何来成功？

巴拉昂是一位年轻的媒体大亨，以推销装饰用的肖像画起家，在不到10年的时间里，迅速跻身于法国五十大富翁之列，1998年，巴拉昂因前列腺癌去世后，法国《科西嘉人报》刊登了他的一份遗嘱。他说，我曾是一位穷人，去世时却是一个富人。在去世前，我不想把我成为富人的秘诀带走，现在秘诀就锁在法兰西中央银行我的一个私人保险箱内，保险箱的3把钥匙在我的律师和两位代理人手中。谁若能回答"穷人最缺少的是什么？"而猜中我致富的秘诀，他将能得到我的祝贺。当然，那时我已无法为他的睿智而欢呼，但是，他可以从那只保险箱里荣幸地拿走100万法郎，那就是我给予他的掌声。

遗嘱刊出之后，《科西嘉人报》收到大量的信件，人们寄来了自己的答案。在48561封来信中，人们的答案各不相同：绝大部分人认为，穷人最缺的是金钱；还有一部分人认为，穷人最缺少的是机会，一些人之所以穷，就是因为没有遇到好时机；另一部分人认为，穷人最缺少的是技能，一些人之所以成为穷人，就是因为学无所长；另外还有一些其他的答案。

有一位叫蒂勒的小姑娘最终猜对了巴拉昂的秘诀，她的答案很简单：穷人最缺的是野心！即成为富人的野心。

一语道破天机，可是谁能想得到答案竟是如此简单！穷人表面上最缺的是金钱，本质上最缺的却是野心。不论处在什么样的社会环境中，只有树雄心、立壮志，才能干出一番轰轰烈烈的事业。有了崇高的目标，就会产生进取心，奋发图强，有雄心，也有竞争性，因而在事业上也较为成功。一切就是如此简单。

拿破仑在军事院校就读时曾立誓要做一名卓越的统帅并吞并整个欧洲，他的勃勃野心可见一斑。在学校期间，他将自己定位

在一个很高的标准，严格要求自己，最终以优异的成绩做了一名炮兵，开始了他的霸业之旅。成吉思汗扬言大地是他的牧场，有雄鹰的地方就有他的铁骑，这造就了成吉思汗开创的元朝强大的霸业。翻开历史史册，名垂青史的成功者又有哪个没有"野心"？

平凡的事业要用野心来支撑

人的思考源于某种心理力量的支持。一个连内心都懒洋洋的人，即使他有什么愿望，这些愿望对他来说也永远只能是漂浮的肥皂泡，甚至连肥皂泡都不算，因为，愿望对他并没有什么美好的诱惑力，他也就丝毫没有力量去思考实现愿望的详细步骤。

当人有了某种愿望后，就要去努力实现这些愿望，而不要总是找理由来打击自己的"野心"。

松下电器王国不是凭运气缔造的。作为这个王国的决策者，松下幸之助有许多过人之处。在松下幸之助辉煌的一生中，最具决定性的日子是 1917 年 5 月 15 日。这一天，他作出了一个令人震惊的决定——辞掉了令人尊敬的检查员的工作。

他 15 岁进入电灯公司，由于技术精湛，22 岁就当上了检查员，该公司还没有像他这样年轻的检查员。

其实，松下幸之助从见习生涯开始，就有了创业的野心。

松下幸之助认定电气是个极具发展前景的行业，因而在技术上更加精益求精，并且立下了"要以此发迹"的野心。

那时的电气工都以求知为新潮，他也下决心读夜校，经过一年的努力拿到了预科文凭。接着，他又进了电机科就读。

松下幸之助在学习过程中感到极为困难，因为，他只接受过四年正规的小学教育。他想知难而退。

这时，他的父亲松下正楠安慰他："只要做成大生意，你就可以雇用许许多多有学问的人为你服务，因此，不要在乎你有多少知识。"

后来，松下幸之助确实做到了这一点。

他由一个卑微的学徒，一步一步建立了松下电器王国，成为闻名遐迩的企业家。

松下的成功源于一个主要因素，那就是他有强烈的野心。他的野心就是要建立日本最大的电器生产公司，做行业的老大，并且以此为毕生追求的目标，努力进取，积极实现目标。

俗话说：如果你把箭对准月亮，那么你可以射中老鹰；但如果你把箭对准老鹰，你就只能射中兔子了。是的，生活需要一些渴望，需要不断展现自己。没有渴望就没有全新的体验，犹如一潭死水，激不起半点涟漪。尽管一生富贵未必就是一种幸运，但一生平淡无疑会是一种遗憾。

生活中，很多人在陌生的城市中打拼了几年，或者在学校里郁闷了多年，发现自己没有了激情和目标。生活中除了无聊和郁闷，似乎没有别的色彩了。每天的生活就是闲聊、发呆，看无聊的电视或沉迷于网络，对自己不懂的东西已经没有任何好奇心了。

如果这个人就是你，那你该醒醒了，该找回自己的"野心"了！也许你并不是这么糟，你仍然有激情和憧憬，有梦想和渴望，那么，就好好珍惜，塑造自己的"野心"，开始奋斗吧！别等到你的这

些激情和梦想损失殆尽的时候再枉自叹息，别等到风烛残年的时候再慨叹不堪回首！

平凡的事业需要用野心平支撑，拥有成功的"野心"，你才能够充满激情地工作和生活；拥有成功的"野心"，你才会时刻提醒自己去奋斗，拥有一颗跳动不息的"野心"，时刻为你点燃希望的烛火，时刻让你与众不同！

勇于向失败挑战

在人生的旅程上，有谁是一帆风顺的呢？又有谁不是历尽了不计其数的坎坷才苦尽甘来的呢？成功是来之不易的，成功是建立在无数次失败之上的，没有那数不尽的经验总结，成功从何而来？

那些遭遇一次失败便灰心丧气、一蹶不振的人，他们一定不会有美好的人生收获。在他们的眼里，一切都笼罩在失望、挫败、无法成功的气氛中。这种观念，一旦统治了一个人的头脑，那他会在无形中将自己置于失败的深渊，永远不能自拔，从而成为一个平庸的人。爱迪生曾深有感触地说："失败也是我需要的，它和成功一样有价值。只有在我知道一切做不好的方法之后，我才知道做好一件工作的方法是什么。"任何失败中都蕴藏着极其丰富的经验教训，都是不可多得的人生教材。从失败的教训中学到东西，往往比从成功中学到的还要深刻。

有些人之所以比别人成功，在于当他们失败时，他们有毅力及勇气爬起来，重来一次。失败并不可怕，尽管它会给你带来失望、烦恼，甚至是痛苦；但是，它却像一块磨刀石，会磨砺你的意志，鼓舞你的士气，锻炼你的品格，最终使你成为一个能够坦然面对厄运，并成就大业的勇者。没有一个人命中注定是要失败的，只要你积极发现自己的长处，并善加利用，然后用自信和行动努力去排除一切妨碍成功的因素，就一定会赢得成功。

20世纪60年代初期，玛丽·凯经过一番思考，把一辈子积蓄下来的5000美元作为全部资本，创办了玛丽·凯化妆品公司。在创建公司后的第一次展销会上，她隆重推出了一系列功效奇特的护肤品，按照原来的想法，这次活动会引起轰动，一举成功。可是"人算不如天算"，整个展销会下来，她的公司只卖出去1.5美元的护肤品。

意想不到的残酷失败，使玛丽·凯控制不住失声痛哭。经过认真分析，玛丽擦干眼泪；从第一次失败中站了起来，在重视生产管理的同时，加强了销售队伍的建设。经过20年的苦心经营，玛丽·凯化妆品公司由初创时的雇员9人发展到现在的5000多人；由一个家庭公司发展成一个国际性的公司，年销售额超过3亿美元。玛丽·凯终于实现了自己的梦想。

并非有了信心去做每一件事都会成功。凡事总有失败，但是你要坚强，不要被失败吓倒，要勇于向失败挑战。如果一次失败了，便情绪低沉，一蹶不振，那又怎么能成功呢？只有彻底击败心底的溃退，才能走向成功。不要被挫折击垮，也不要被失败吓倒，更不要蹉跎在过去的岁月当中。只有经得起失败的人，才能真正成为掌握命运的强者。强者在失败面前会越挫越勇，而弱者面对

挫折会颓然不前。

不要害怕失败，失败并不是什么坏事。哈伯德说：一个人所能犯下的最大错误，就是他害怕犯下错误。只要你不放弃尝试，不断地尽自己最大的力量，你便是在创造成功。假使你没有获得你想要的成果，你就将其视为一个不理想的结果，而不是失败，然后从中学习，改进你的行为再试一次。"此路艰辛而泥泞。我一只脚滑了一下，另一只脚因站不稳而摔跤；但我缓口气，告诉自己：这不过是滑一跤，并不是死去而爬不起来。"林肯在竞选参议员落败后如是说。

人人都有失败。所不同的是：在失败面前，弱者一味痛苦迷惘，畏缩不前；强者却坚持不懈地追赶失败后的成功。面对失败，不要向失败低头示弱，而应该昂首挺胸，乘风破浪。失败的原因很多，但是，无论什么样的失败，只要你跌倒后又爬起来，跌倒的教训就会成为有益的经验，帮助你取得未来的成功。

屡败屡战才是真英雄

失败是一种学习经历，你可让它变成墓碑，也可以让它变成垫脚石。事实上，没有什么叫作失败，失败仅仅存在于失败的人心中，只有屡败屡战的人才是真的英雄，才能真正享受成功的喜悦。失败是一所最磨炼人的大学，从失败中学到的东西更为可贵！

1950年夏天，李嘉诚开始了他叱咤风云的创业之路。几次成功之后，他就急切地去扩大他那资金不足、设备简陋的塑胶企业，于是资金开始周转不灵，工厂亏损愈来愈重。仓库开始堆满了因质量问题和交货延误而退回来的产品，塑胶原料商开始上门催讨原料费，客户纷纷上门寻找一切借口要求索赔。

从做生意开始就以诚实从商、以稳重做人处世的李嘉诚这一次付出了极其惨重的代价。这种代价几乎将李嘉诚置于濒临破产的境地。像任何身处逆境的强者一样，李嘉诚经过一连串痛定思痛的磨难后，开始冷静分析国际经济形势变化，分析市场走向。

1957年，咬紧牙关走出绝境的李嘉诚开始了他的一系列别出心裁的"转轨"行动：生产既便宜又逼真的塑胶花。这在当时的香港还是一个"冷门"。经过李嘉诚的努力，通过采取各方面的促销和广告活动，塑胶花开始引人注目起来，为香港市民所普遍接受。

重新开辟出一条道路的李嘉诚，在渡过危机之后，渐渐地走上了稳定发展的道路。

一个人要想干出一番惊人的业绩，一定要具有面对失败坦然自如的积极态度；千万不可一遭挫折便落荒而逃。否则，你永远都会与成功无缘。容忍失败，这是人们可以学习并加以运用的极为积极的东西。

真正的勇士把跌倒看成是通往目标途中必然发生的事，而不是一种不幸。所以，当他跌倒时，他不是躺在地上，埋怨不平的路途害他跌倒，或者怀疑有人陷害；也不会因为一点皮肉之伤而大声喊痛；更不会因为曾经跌倒一次就从此畏缩不前。他选择的是：站起来，向目标出发。洛克菲勒这样说道："与有些人不同，我把失败当成一杯烈酒，咽下去的是苦涩，吐出来的却是活力。"

超越缺陷，创造辉煌

美国第 16 任总统林肯从小就有自卑感，但他也正是通过自嘲来克服自卑，进而培养自己的自信心的。

大家都知道林肯长相丑陋，可他不但不忌讳这一点，相反还常常诙谐地拿自己的长相开玩笑。在竞选总统时，林肯的对手攻击他两面三刀，搞阴谋诡计。林肯听了指着自己的脸说："让公众来评判吧，如果我还有另一张脸的话，我会用现在这一张吗？"还有一次，一个反对林肯的议员，走到林肯跟前挖苦地问他："听说您是一位成功的自我设计者？""不错，先生。"林肯点点头说，"不过我不明白，一个成功的自我设计者，怎么会把自己设计成这副模样？"

我们从林肯身上发现，一个人生理缺陷越大，那么他的自卑感就越强，于是成就大业的"本钱"也就越多。因为，林肯把身上的自卑感，变成他成功的"涡轮增压器"，而自嘲正是他自我超越的燃油。

自嘲是一种特殊的人生态度，它带有强烈的个性化色彩。自嘲作为生活的一种艺术，它具有干预生活和调整自己的功能。它不但能给人增添快乐，减少烦恼，还能帮助人更清楚地认识真实的自己，战胜自卑的心态。

德国探险家约翰·哈森迈尔十几岁就喜欢水底洞穴探险。有一次，约翰·哈森迈尔受美国电视公司委派在奥地利的沃尔夫冈湖底拍摄时遇险，身体高位截瘫。按道理说，约翰·哈森迈尔可以心安理得地躺在家里休息，什么都可以不干，什么都可以不想，但他没有放弃自己的理想，为了探寻人们未曾到过的领域，他请人制造了一艘只能乘坐一个人的潜水艇，开始孤身一个人在湖泊深处探索，于是，先后发现了二百多个洞穴和洞穴延伸，从而为人类揭开了幽深水底的奥秘。约翰·哈森迈尔不停地拼搏，是对生命的最好延长。如果为了延长寿命而停止了工作，则恰恰是缩短了寿命。

在逆境中要学会坚持

每一行的专业人士，都投注庞大的心血，培养自己的专业才能，一个人再有写作的才华，也要靠训练和经验才能抓住文学技巧的窍门。所有成功的作家一辈子都是读者，而且，大多数人在年幼时就养成习惯，将思想付诸文字……以学钢琴为例，如果想要变成还不错的业余钢琴家，至少需要专注地投入三千个小时的训练；如果想成为专业水准，一万个小时也许都不够。从这一点来看，我们学习上的种种小挫败，并非说明我们没有天分，而是没有"持续贡献"。

美国柯立兹总统曾写道："世界上没有一样东西可以取代毅力。才干也不行，怀才不遇者比比皆是，一事无成的天才也很普遍；教育也不可以，世上充满了学无所用的人，只有毅力和决心无往而不胜。"如果成功之门暂时关闭了，你应该把它视为一种新的力量的源泉，而非一种失败。这样，它会把你内心最优秀的品质激发出来。

玛格丽特·米契尔靠写作为生，最初，没有一家出版社愿意为她出版书稿，她曾收到过各个出版社的一千多封退稿信，许多日子，她不得不为了生计而四处奔波，但是，玛格丽特·米契尔并没有退缩。她说："尽管那个时期我很苦闷，也曾想过放弃，但是，我时常对自己说：为什么他们不出版我的作品呢？一定是我的作品不够好，所以，我一定要写出更好的作品。"经过多年的努力，《乱世佳人》终于问世了，一次次的退稿成了写作经验的积累，那些退稿信成了通往成功之路的坚实的阶梯。

那些勇敢自信、乐观进取的人，会把"此门关，彼门开"这句睿语奉为前进的动力；而那些受到一点打击之后，便萎靡不振的人，终生都将是失败者。因此，成功取决于一个人的态度和行动，但态度和行动是可以改变的。在人生的旅途中，我们应该始终坚信："只要我们满怀自信和勇气去争取、去拼搏，幸福和成功之门就一定会为我们打开！"

人生的真谛在于拼搏，不懈奋斗是我们永远追求的目标。的确，无论我们做什么事，要取得成功，坚持不懈的毅力和持之以恒的精神是必不可少的，它将是我们取得成功的法宝。歌德用激励的语言这样描述坚持的意义："不苟且地坚持下去，严厉地鞭策自己继续下去，就是我们之中即使最微不足道的人这样去做，也很少不会达到目标。因为坚持的无声力量会随着时间而增长，到没有人能抗拒的程度。"

不因一时的挫折停止尝试的人，永远不会失败。逆境中能找到顺境中所没有的机会。处于逆境，陷于困苦时，你更要学会坚持，不要轻易气馁和放弃，许多时候只需要我们再多坚持一分钟。

"归零心态"能使你不再平庸

保持一种归零心态对一个人长期的发展是非常重要的。归零的心态就是一切从头再来，就像大海一样把自己放在最低点，来吸纳百川。在此以前，你可能有过很高的地位，也可曾拥有过很多的财富，具有渊博的知识，但是当你决定要向下一个目标进取的时候，就一定要拥有归零的心态。不能因为你曾经是千人企业的老板，就难以听从一个普通员工的指导；也不能因为你曾是他的上司或老师，就不去听取一个下属或学生的真诚规劝……你只有心态归零，才能快速成长，才能学到这个行业的技巧与方法。

成功仅代表过去，如果一个人沉迷于以往成功的回忆里，那就永远不能进步。要想不断进步，就要拥有归零的心态。归零的心态就是谦虚的心态，就是重新开始。正如有人所说的，第一次成功相对比较容易，第二次却不容易了，原因是不能归零。只有把成功忘掉，心态归零，才能面对新的挑战。保持归零的心态，才能不断发展，创造新的辉煌。

一位世界一流的小提琴演奏家收了一位名不见经传的新生，在拜师仪式上，学生为他演奏了一首短曲。这个学生很有天赋，把这首短曲演奏得出神入化、天衣无缝。

学生演奏完毕，这位大师照例拿着琴走上台。但是这一次，

他把琴放在肩上，却久久没有奏响。他沉默了很长时间，然后，把琴从肩上又拿了下来，深深地叹了口气，走下了台。

众人惊慌失措，不明白发生了什么事。这位大师微笑着说："你们知道吧，他拉得太好了，我没有资格指导他。最起码在刚才的一曲上，我的琴声对他只能是一种误导。"全场静默片刻，然后爆发出一阵热烈的掌声。

每个人都掌握了一定的学识，有过一些成功的经历，就好比水杯中已经蓄了很多的水。而当你接受新的工作和挑战时，你能否成功，取决于你是否能倒空你杯中的水，潜下心来从头学习、从头做起。联想集团在招收新员工时，总是对那些拥有较高学历的新人说："先把杯子里的水倒掉。"只有把过去"归零"，从头再来，你才会荣辱两忘，放手一搏，发挥高水平。

这对纵横职场的精英来说，同样如此，除比技术比能力外，更是在比心态。当别人找上你时，是因为你过去的经验、能力；当新东家对你寄予厚望时，还是因为你过去的业绩以及口碑。但是，如果过于看中"过去"，"过去"也就成了包袱：鉴于过去成功的经验，你首先会想到在新环境"复制"；因为过去失败的经验，你就不敢再大胆尝试；还因为过去的业绩和口碑，你可能会不择手段地去建立业绩，或者寻找借口维护口碑。而拥有一种"归零心态"往往能取得辉煌的战绩，归零心态，能让我们看到另一种景象。

在与卓越亲密接触的过程中，你会发现，从平凡到卓越，貌似不可逾越，其实完全可以实现飞渡——只要你"心态归零"，永不满足！

把昨天的成功与辉煌"归零"，我们就不会成为那只背着重壳爬行的蜗牛；把过去的一切进步"归零"，我们才能够像天空中的鸟儿那样轻盈地飞翔。在成长的道路上，当我们用一种归零的心态去面对眼前这个变化日益加快的世界时，我们就会抱着一种学习的态度去适应新环境，接受新挑战，创造新的成就与辉煌。

只有改变自己才有出路

一个人如果不先改正自己的缺点和不足之处，使自己成为一个人格完善的人，就很难获得成功，更谈不上去影响和改变别人。人活在世上的任务首先是改变自己，进而改变世界。如果同事对你不友善，你不去改正自己的缺点，即使你换个单位也没用；如果你的成绩提不高，你不去改变学习方法和学习态度，即使换了老师也没用。只要你一改变，生活也会随之改变。

有人会说，我是很想立即改变现状，但周围的大环境就这样，不允许，没办法呀！他必定是忘了：一个人在面临无法改变的环境的时候，首先要学会改变自己，自己改变了，环境也会随着改变。西方有句谚语："生存决定于改变的能力。"不少人往往是一方面既想改变现状，另一方面又害怕承受痛苦，结果把自己弄得既矛盾又挣扎，折腾了一大圈又绕回到起点。改变是痛苦的，但是，如果不改变，那将是更大的痛苦。

成功学专家陈安之说："不要把赚很多钱当作你人生最重要的目标。只要你能够成为最好的人物，最好的事情也就会发生在你身上。当你想要得到一切最美好的事物，你必须把自己变成最优秀的人。"所以，在失意的时候，不要急着抱怨这个世界不公平，世界从来不会因为某个人的抱怨而改变。不如先改变自己来适应环境，然后逐步去改变环境。如果人是正确的，他的世界就会越来越光明。

福勒是美国一个黑人佃农的儿子。他五岁就开始参加家庭劳动，他们一家一直过着很贫穷的生活。福勒有一位不平常的母亲，她很早就发现福勒与其他6个孩子不同。母亲有意识地经常将福勒拉在身边，跟他谈论心中的想法。她反复地说："福勒，我们不应该贫穷！我们的贫穷不是由上帝安排的，而是我们家庭中的任何人都没有产生过出人头地的想法……"

我们的贫穷是因为我们没有奢想过富裕！这个观念在福勒的心里刻下了深深的印记，成就了他以后无比辉煌的事业。福勒改变贫穷的愿望像火花一样迸发了出来——他挨家挨户推销肥皂达12年之久，并由此获得了许多商人的尊敬和赞赏。一段时间以后，福勒不仅在最初工作的那个肥皂公司，而且在其他7个公司都获得了控股权。可以说，福勒获得了巨大的成功。他彻底改变了家庭的贫穷，扭转了家庭的命运。

"适者生存，不适者则被淘汰"，这是自然规律，世上的事物时时刻刻都在发生着改变。如果你跟不上社会的步伐，你会被社会抛得越来越远。面对这样的状况，只有改变自己才是出路。

第五章

思想决定平凡与平庸

卓越的人都善于思考

如果你肯勤于思考研究，你将会发现，那些有成就的人都已经培养出一种习惯，那就是找出并设法控制那些最能影响他们工作的重要因素。这样一来，他们可能会比一般人工作得更为轻松愉快。由于他们已经懂得秘诀，知道如何从不重要的事实中抽出重要的事实，所以，他们等于已为自己的杠杆找到了一个恰当的支点，只要用小指头轻轻一拨，就能移动原先即使以整个身体也无法移动的重量。

正确的思维方法包含了两项基础：

1. 必须把事实和纯粹的资料分开。

2. 事实必须分成两种：

（1）重要的和不重要的。

（2）有关系的和没有关系的。

在达到你的主要目标的过程中，你所能使用的所有事实都是重要而有密切关系的；而那些不重要的则常常对整件事情的发展影响不大。这种现象往往被人所忽视，机会与能力相差无几的人所做出的成就大不一样。

卡尔森出身于公务员家庭，就读于瑞典斯德哥尔摩经济学院，在校期间，学校的各种社交聚会都由他组织包办。他就是具有重点思维习惯的人。他自 1968 年毕业后，进温雷索尔旅游公司从事市场调研工作。3 年以后，北欧航联出资买下了这家公司。卡尔森曾担任过市场调研部主管和公司部经理等职务。他快速的熟悉各项业务，并且解决了经营中的主要问题。到了1978年，这家中等规模的导游机构在瑞典已经发展成第一流的旅游公司。

卡尔森的经营才能得到了北欧航联的高度重视，他们要委以卡尔森重任。航联下属的瑞典国内民航公司购置了一批喷气式客机，由于经营不善，直到后期，仍无力归还购机款项。从1978年开始卡尔森调任该公司的总经理，卡尔森在新的岗位上，充分发挥了自己擅长重点思维的才干，就在他上任不久，就找到了问题的症结。国内民航公司所订的收费标准不合理，早晚高峰时间的票价和中午空闲时间的票价一样。卡尔森采取将正午班机的票价削减一半以上，用此来吸引去瑞典湖区、山区的滑雪者和登山野营者。此举一举成功，载客容量猛增。卡尔森主管后的第一年，国内民航公司即转亏为盈，获得了相当丰厚的利润。

从卡尔森的成功经验中不难看出经营中一定要注意重中之重，经过思考，找出重点，把握主流。只有养成了重点思维的习惯，在实际中避免眉毛胡子一把抓，才能赢得经营上的成功和丰厚的利润。

从重点问题开始突破，是成大事者思考的习惯之一，因为没有重点的思考，就如同毫无主攻目标。

独立思考是成就大业的必备条件

成功人士都具有一项十分重要也是十分基本的心理品质——独立思考。

达尔文说："我耐心地回想或思考任何悬而未决的问题，甚至花费数年亦在所不惜。"

牛顿说："思索，继续不断地思索，以待天曙，渐渐的见到光明，如果说我对世界有些微小贡献的话，那不是由于别的，却只是由于我的辛勤耐久的思索所致。"他甚至这样评价思考："我的成功就当归功于精心的思索。"

爱因斯坦也曾说过这样类似的话："学习知识要善于思考、思考、再思考，我就是靠这个学习方法成为科学家的。"

著名昆虫学家柳比歇夫说："没有时间思索的科学家，那是一个毫无指望的科学家；他如果不能改变自己的日常生活制度，挤出足够的时间去思考，那他最好放弃科学。"

从这些名言中我们不难得出这样一条道理：独立思考是一个人成功的最重要、最基本的心理品质。所以，养成独立思考的习惯，是欲成大业者必备的条件。

一位教授强调："要提高你的创造能力，一定要培养自己的独立思考、刻苦钻研的良好习惯，千万不要人云亦云，读死书，死读书。"

一位学者指出："人们只在有好奇心的引导下，才会去探索被表面所遮盖的事物的本来面貌。"

好奇，可以说是创造的基础与动力。牛顿、爱迪生、爱因斯坦都具有少见的好奇心；而居里夫人的女儿则把好奇称为"学者的第一美德"。成功人士总是善于在人们熟视无睹的大量重复现象中发现共同规律，特别注意反常现象而有所创造。而漫不经心的人，往往就不怎么注意那些新奇而有用的东西。纵观一切高效的创造性人才，他们几乎都有一个共同的品质，就是敢想、敢干、敢于质疑，遇事都要问一个为什么。

巴尔扎克认为："一切科学之门的钥匙都毫无异议地是问号，我们所有伟大发现都应该归功于疑问，而生活的智慧大都源自遇事都问个为什么。"

但创造构想能力的形成是建立在有大量丰富知识和经验的基础之上的。经验越丰富，知识越渊博，创造构想的思维就越活跃。有丰富经验的医学家对疾病的判断能力强，有经验的飞行员能根据发动机微小的变化来判断发动机的工作情况。

创造构想需要以知识与经验的积累为基础，但并不是说只有等知识经验积累到自认为非常丰富的地步才能开始创造。比如，过河需要桥或船，如果发现了桥，何必还要去造船呢？为了准备"攀登"，必要的基础知识是需要的，但是如果总是怕东西不够用，样样东西都去学，到什么时候才算学到头呢？知识是无限的，而人的生命是有限的、短暂的。在短暂的一生中，在一定知识积累的基础上，只有早日进入创造，带着创造中遇到的问题，有针对性地去补充自己所缺的知识，无疑会收到更好的效果。

创造性思维构想的产物有时如同火花闪现一样，稍纵即逝。这种稍纵即逝的思维的火花就是灵感。可以说所有的灵感都源于

直觉。爱因斯坦曾说："真正宝贵的是直觉。"物理学家普朗克说："每一种假说都是想象力发挥作用的产物，而想象力又是通过直觉发挥作用的，但直觉常常变成一个很不可靠的同盟者，不管它在假说时是如何不可缺少。"

在我们每个人的生活工作中我们都可能会遇到这样的情况。在发现问题或在解决问题时，可能出现突如其来的新想法、新观念。善于及时捕捉这种创造想象与创造性思维的产物，把它迅速而准确地记录下来，进行思维加工与实践检验，可能获得创造性活动的很有价值的成果。

要有勤于思考的习惯

成功之路是以正确的思考为必然基础的。所以，要想走向成功，就必须培养并具备正确的思考习惯。那么怎样才能养成正确的思考习惯呢？

一是你必须要培养注意重点的习惯；二是要看清事实；三是要尊重真理；四是要正确评价自己和他人；五是要善于投资；六是要有建设性的思想。

正确的思考不是天生就有的，它需要后天的训练和个人有意的培养。

1. 多一份理性思考

（1）提出问题

发现和提出问题是整个思维过程中最困难的一部分。要知道，在你发现和提出问题之前，你不可能知道你要寻找的是什么解决方法，更不可能解决这个问题。

（2）分析情况

一旦你找出这个问题后，你就要从所处环境中发现尽可能多的线索，分析各方面的情况。

分析情况过程中，以下是一些有帮助的基本问题：

在什么地方能找到解决这个问题的信息资料？

现在已有了哪些能帮助解决这个问题的有关资料？

这些资料对我们够用吗？

还有谁能帮助解答这个问题？

在解答这个问题的过程中已经做了哪些工作？

（3）寻找可行的解决方法

一旦你找出了问题、分析了情况之后，你就可以开始寻找解决问题的办法。同样，你也要避免那些看起来似乎很好的答案。

在这一步骤中是很需要创造性的。除了那些一眼就看出似乎有道理的解决办法之外，你还要寻找其他的办法，尤其在采纳现成的方案时要特别留心。如果别人也探讨过同样的问题，而且其解决办法听起来也适合于你的情况时，就要仔细判断一下那种情况与你的情况究竟相同在何处。

注意，不要轻易采用那些似乎与你的情况相类似的解决方法。

2. 掌握积极性原则

首先，尽量用积极、快乐的词语描述你的感觉。

当有人问你"今天怎么样"时，如果你回答：我很累或头痛、感觉不佳等，实际上你是在使自己感觉更糟。反之，每次有人问

你"你好吗？"或者"今天怎么样？"时，你回答："好极了！"或者说"很好！"你将真的开始觉得好极了。从此，你就变成一位非常快乐的人，这将给你带来朋友。

其次，使用光明、快乐、好的字眼去描述他人，使它成为你的一个法则？

经常将好的、积极的语言送给你的朋友与伙伴。当你在谈论他人时，多用好的字句去描述他。例如，"他是一个招人喜欢的家伙""他干得很好"，千万不要使用那些伤人的语句，否则，他人迟早会有所耳闻，结果，这样的语句反而会伤害你自己。

再次，使用积极的语言鼓励他人，抓住任何机会赞美他人。因为你周围的所有人都渴望赞美。

每天送给你同学或家人一句动听的话，留心并赞美与你一起工作的人。赞美，带着诚意的赞美，是取得成功的一个重要工具。赞美应是多方面的，它包括人们的外表、性格、品行、事业、成就以及家庭等。

最后，使用积极的语言向他人介绍你的计划。

当人们听到"好消息""我们碰上一个极好的机会……"时，他们的大脑也立刻会兴奋起来。但当他们听到某些事，如"不管我们喜欢不喜欢，总算找到了一个工作"时，他们会感到很枯燥、单调，丝毫也提不起精神来。当许下取胜的诺言时，你将看到人们的眼睛格外明亮，你也将赢得他们的支持。

3. 独处思考的力量

成大事者都是善于独处的人，在独处的过程中激发思考的力量。

很多人害怕孤独。他们不知道自我创造的作用，所以，犯了极大的错误——认定自己绝对不能孤单。他们在每一次尽量让自己避免孤单的时候，都让自己再度感受到恐惧的侵袭。

如果你能享受独处的时刻，那么，你找朋友的意图将完全出于真心，而非软弱；你打电话给朋友约他吃晚饭，只因为你想看他，而不是因为你无法忍受一个人单独吃饭。你的朋友会觉得你真心地喜欢他、看重他，而不是只想依赖他。

如果你已经习惯和别人在一起的话，刚开始打破这个习惯可能会使你觉得不舒服。如果你觉得不愉快的话，就探测一下自己的感觉。你为什么一直盼望电话铃响呢？你是否担心自己和某人的关系？你是不是厌烦自己？如果是这样的话，你可以找点事做以克服独处的恐惧。但不要觉得在独处的时候，一定得做点有"建设性"的事情，才能掩饰你的孤独。如果你一个月里找一两个下午独处，你将更能享受独处的乐趣。在独处时，你应当有所思考，不要总是心情浮躁、寂寞难耐。独处是成大事者适应能力中必不可少的一条。

4. 不断发展思考能力

人类有思考、分析、储存大量的知识、发展智慧、评估、将知识做各种组合的能力，但这些能力，并没有得到真正的开发。据科学家证实，像爱因斯坦、苏格拉底和爱迪生这些天才，他们也只用了不到10%的脑力。

如何运用和发展你的思考能力呢？以下方法可供你尝试：

（1）清洗你的思想。把所有不定和自我失败的思想过滤掉。

（2）警觉训练。你的思想会因训练而成长，使你的"思维雷达"

不断工作。

（3）培养你的理解力，让自己去做一些新的组合游戏。

（4）"喂饱"你的思想。读、听和观察一切事情，要确定你的脑子一直有东西在输入。

（5）培养好奇心。对你不懂的事提出问题来，发展你的想像力。

（6）组织你的思想。实践你已知道的事，发现你所不知道的事。

（7）要有开放的心，绝不视任何主意为无用。倾听跟你观点不同的人的建议，任何人都有东西让你去学。

（8）客观地实践，永远肯去查明一个跟你不同的意见。

（9）训练你的思想来为你工作。

（10）培养常识，真正的智慧是学以致用。

梭罗说："我知道一件千真万确的事，那就是思想是个雕刻家，它可以把你塑造成你要做的人。"

要想走向成功，就必须培养并具备正确的思考习惯。成功之路是以正确的思考为必然基础的。

思考能获得意想不到的效果

拿破仑·希尔曾在遍访当时美国最成功的五百多位富翁之后得到一个结论："思考即财富"。中国一位传奇的民营企业家也有句名言："没有做不到的，只有想不到的。"可见思考方法的匮乏是妨碍致富的又一大障碍。只要养成善于思考的习惯，就会常常获得意想不到的效果。

美国有一个优秀的商人名叫杰瑞，有一天，杰瑞和儿子说："我已经选好了一个女孩，做你的妻子。"儿子很生气地回答："我自己要娶的新娘我自己会决定。"杰瑞说："但我说的这个女孩可是比尔·盖茨的女儿呀！"儿子欢呼起来："我同意！"

在一个聚会中，杰瑞跟比尔·盖茨说："我来帮你的女儿介绍个好丈夫。"比尔·盖茨说："我要尊重我女儿的选择！"杰瑞又说道："但我说的这个年轻人可是世界银行的副总裁喔！"比尔·盖茨大吃一惊："那太谢谢你了……"

接着，杰瑞去找世界银行的总裁，杰瑞说道："我想介绍一个年轻人来当贵行的副总裁。"总裁说："我们已经有几十位副总裁，够多了！"杰瑞说："但我说的这年轻人可是比尔·盖茨的女婿喔！"总裁激动地叫道："请那位年轻人马上上班……"最后，杰瑞的儿子娶了比尔·盖茨的女儿，又当上了世界银行的副总裁。

杰瑞真是一个会思考的人，他以自己的超人之思，终于如愿以偿，皆大欢喜。很多成功人士都和杰瑞一样，都有一双慧眼，是事业、生活中的有心人。有心人往往勤于观察，乐于思考，善于发现。当一些人从生活中发掘了致富信息，并获得成功后，有些人就会顿生懊悔之心，说："我天天都见到那些致富信息，怎么就没想到利用它来致富呢？"

一个平凡的人比一个平庸的人的高明之处在于，他总会比别人多想几步。其实，有时只要比平时多想一点，就会把事情处理

得很完美。在现实生活中，多想几步，也就是说具有一定的远见卓识，将给我们带来极大的价值。深度思维与扩散性思维会给我们带来巨大的利益，会打开不可思议的机会之门。对于追求成功的人来说，机会是平等的，就看你愿意不愿意运用"思考"的武器，去发现机遇，把握机会，攻克成功路上的难关。

无论从事何种行业，只要有勤于思考的习惯，总会惊喜地发现新天地。尤其是那些平庸的人，更要开动脑筋，大胆思考，敢于走前人没走过的路，才有可能从"平庸"之中走到"平凡"之列。

思维决定平凡还是平庸

突破常规思维，从另外的角度进行思考，往往能够柳暗花明见新天。这种事例在日常生活和工作中有很多，由于这种思维方式灵活多变，能出奇制胜，所以，往往能使你取得意想不到的成功。

对于一个本质相同的问题，从两种不同的角度去看，会得到截然相反的答案。所以，当我们做事时，不妨选择一个好的角度。有一个好的角度，就成功了一半；但若选择了一个错误的角度，你就得到了失败的全部。你休想站在你的立场上说服别人改变原来的想法、做法；你休想以一个家长的身份让你的孩子不要做这个、不要做那个……所以，当你想发表看法、提出建议时，不妨先站在对方的角度上想想，然后做到"己所不欲，勿施于人"，往往可能更容易取得成功。

遇到难以解决的问题时，平庸的人会选择放弃，而平凡的人会不达目的不罢休，平凡的人会改变思路，寻找解决问题的新角度。毫无疑问，平凡的人最能解决问题，并有大的收获。在处理事情的过程中，没有绝对解决不了的难题。平庸的人之所以陷入僵局，只是因为按部就班，没有更换角度。在这个世界上，从来没有绝对的失败，有时只需稍微调整一下思路，转变一下视角，失败就有可能向成功转化。

很久以前，人类都还赤着双脚走路。有一位国王到某个偏远的乡间旅行，因为路面崎岖不平，有很多碎石头，刺得他的脚又痛又麻。回到王宫后，他下了一道命令，要将国内的所有道路都铺上一层牛皮。他认为这样做，不只是为自己，还可造福他的人民，让大家走路时不再受刺痛之苦。但即使杀尽国内所有的牛，也筹措不到足够的皮革，而所花费的金钱、动用的人力，则无以计数。虽然根本做不到，甚至还相当愚蠢，但因为是国王的命令，大家也只能摇头叹息。一位聪明的仆人大胆向国王提出建言："国王啊！为什么您要劳师动众，牺牲那么多头牛，花费那么多金钱呢？您何不只用两小片牛皮包住您的脚呢？"国王听了很惊讶，但也当下领悟，于是立刻收回成命，采取了这个建议。

有时从平庸到平凡，只在于一个观念的转变。换个思路，变个想法，往往令你取得意想不到的奇妙效果。"如果有个柠檬，就做柠檬水。"这是一个聪明人的做法，而平庸的做法正好相反。如果他发现生命给他的只是个柠檬，他就会沮丧，自暴自弃地说："我完了，我的命运真悲惨，连一点发达的机会也没有，命中注定只有个柠檬。"然后，他就开始诅咒这个世界，一辈子让自己沉浸在悲伤当中，毫无作为。但是，当聪明的人拿到一个柠檬的

时候，他就会说："从这件不幸的事情中，我可以学到什么呢？我怎样才能改变我的命运，把这个柠檬做成一杯柠檬水？"

平凡者在遇到难题时善于换位思考，即从另外一个角度重新审视自己和环境，以便找到新的人生机遇和突破点。这就是说，换位思考是平凡者成功的手段之一。很多人不敢创新，或者说不愿意创新，是因为他们头脑中关于价值判断的标准已经固定，这使他们常常不能换一个角度想问题。

创造源于正确的思考

1. 人人都具有创造性

提到发明创造，很多人会马上想到："那是专家的事"。实际上，这种想法是十分错误的。因为某某人有发明创造，我们才称之为专家；而不是因为某某是专家，他才会有发明创造。

一位家庭主妇将收缩薄膜覆盖在晒衣竿上并浇上热水，由于薄膜收缩，所以，它就紧紧地贴在晒衣竿上，于是变成了晒衣竿的塑料薄膜。这是 20 年前的一件价值 100 万日元的发明。有人发明一种笤帚，把笤帚在油腻的饭菜上边一扫，就吸去全部的油。现在，这种笤帚不但行销美国，而且销至加拿大和欧洲，这位发明人也已经是亿万富豪了。

在当今，创造活动已不只是科学家、发明家的事，已经深入到普通人的生活中。人们在事业上的新的追求、新的理想、新的目标会不断产生，实现了这些新的追求、新的理想、新的目标，就会产生新的幸福。

一家规模不大的建筑公司要为一栋新楼安装电线。在一处地方，他们要把电线穿过一根 10 米长、直径只有 3 厘米的管道，管道砌在砖石里，并且弯了四个弯儿。开始时他们束手无策，因为用常规方法很难完成这个任务。最后，一位爱动脑筋的装修工想出了一个非常新颖的主意：他到市场上买来两只白老鼠，一公一母。然后，他把一根线绑在公鼠身上，并把它放在管子的一端。另一名工作人员则把那只母鼠放到管子的另一端，并轻轻地捏它，让它发出吱吱的叫声。公鼠听到母鼠的叫声，便沿着管子跑去救它。它沿着管子跑，身后的那根线也被拖着跑。因此，解决了穿电线的难题。这位爱动脑筋的装修工，也因为善于创新得到上司嘉奖，并被委以重任。

可以说，"人人都是创造之人"。是否能够发挥创造性是成功者与平庸者的分水岭。

2. 不要墨守成规

大象能用鼻子轻松地将一吨重的行李抬起来，但我们在看马戏团表演时却发现，这么巨大的动物，却安静地被拴在一个小木桩上。

因为它们自幼小无力时，就被沉重的铁链拴在固定的铁桩上，当时，不管它用多大的力气去拉，这铁桩对幼象而言，是太沉重的东西，当然动也动不了。不久，幼象长大，力气也增加了，但只要身边有木桩，它总是不敢妄动。

这就是成见。长大后的大象，可以轻易将铁链拉断，但是，因为幼时的经验一直存留至长大，它习惯地认为铁链"绝对拉不

断"，所以不再去拉扯。

那么，人类又如何呢？人类也会因未排除"固定观念"的束缚，只能以经验性、直觉性的眼光来看事物，自以为"我没有那样的才能"，终于白白错过许多大好良机。

曾经有一艘远洋海轮不幸触礁，沉没在汪洋大海里，幸存下来的9位船员拼死登上一座孤岛，才得以幸存下来。

但接下来的情形更加糟糕，岛上除了石头，还是石头，没有任何可以用来充饥的东西，更为要命的是，在烈日的暴晒下，每个人都口渴得嗓子冒烟，水成为最珍贵的东西。

尽管四周都是海水，可谁都知道，海水又苦又涩又咸，根本不能用来解渴。当时9位船员唯一的生存希望是下雨或过往船只发现他们。

几天过去了，没有任何下雨的迹象，他们的周围除了海水还是一望无边的海水，没有任何船只经过这个岛。渐渐地，8位船员支撑不下去了，他们纷纷渴死在孤岛上。

当最后一位船员快要渴死的时候，他实在忍受不住地扑进海水里，"咕嘟咕嘟"地喝了一肚子海水。船员喝完海水，一点儿觉不出海水的苦涩味，相反觉得这海水又甘甜、又解渴。他想：也许这是自己临死前的幻觉吧，便静静地躺在岛上，等待着死神的降临。

他睡了一觉，醒来后发现自己还活着，船员非常奇怪。以后，他每天靠喝这个岛的海水度日，终于等来了救援的船只。

当人们化验这里的水时发现，由于有地下泉水的不断翻涌，实际上，这里的海水是可口的泉水。

3. 善于创造性思维

能否保持创造性思维，直接关系到一个人的事业成败，因为只有创新才能激活自己全身的能量，才能更好地投入到事业中。在日常生活中，每个人都是投石问路者，或难或易、或明或暗、或悲或喜，仿佛不停地挣扎在一个个"陷阱"之中，因此，有效的创新会点燃人生火花。谁有创新思想，谁就会成为赢家；谁要拒绝创新，谁就会平庸！这就是说，一个有着创造性思维习惯的人，绝对拥有闪亮的人生！

邹衡教授说过："为什么有那么多人不能拯救自己，始终陷入痛苦的挣扎中呢？就是因为他们有健康的身体，却无健康的大脑，没有认真思考的能力，完全不能根据自身条件和时机寻找一条有创意的道路。"

生活中，创造性思维更是不可缺少的。以求职为例，职业的多样性，给每个求职的人提供了多种可能。假设认为只有一种职业适合自己的观点，那求职肯定很难成功，因为它本来就不符合生活实际，仅仅是一种不愿努力改变自身被动状态的懒惰心理而已。

想成功就要开动大脑，思考自己的未来，才会有所突破，你的人生才会多姿多彩，避免烦恼。

如果你想成功，一定要养成创造性思维的习惯，因为它是成大事的催化剂。

在学习前人优秀东西的同时，你要敢于思考，善于质疑，要用创造性思维，突破前人的束缚，突破那一张张的网。

思想能让你致富

如何才能有所成就，这要动脑筋创新经营方法才行。你要知道，出卖劳力的人永不可能有大出息，只有用思想、知识赚钱才有大发展。

你要知道，并不是大事情才值得花费脑筋，任何小事情，只要你去用心地想，就必有所获。

只有把人性研究透彻的人，才能有赚大钱创大业的希望。换言之，你对人了解得愈多，你成功的希望也就愈大。

用金钱来创业，即使只是小有才干，甚至是平庸之辈，也可以有成；但一个赤手空拳的人就完全不同了，你不但要能吃苦耐劳，而且要有一毛钱当一块钱用的本领才行。因此，你除了拼命地工作外，还要多吸收新的知识，多学习别人的经验。

一个人的雄心有多大，他的事业就有多大。

一个白手创业的人，资金的累积固然很难，但要把握正确的经营方针更难。同时，一个想"无中生有"的贫困青年，如果想在工商界求发展的话，一定要有与众不同的做法，才有成功的希望。

所谓"与众不同"，并不是全指创立新行业而言，因为新行业的增加总是有限的。最重要的是，你能在旧行业中创新经营。

一个人要有创业的梦想，更要有创业的远见和正确的观念。

而上帝赋予人类最大的恩惠，就是你真心想什么，就必定会得什么。

假如你对某种东西产生强烈的欲望，你一定千方百计地想办法得到它，而"想"一旦化为力量，几乎没有任何东西能够阻挡得住。

所有的辛劳都会获得收获的；而付出的愈多，收获的也愈多。这句话并不是一句泛泛的勉励话，而是千古不变的真理。

你的无形资产，远比有形的资本好得多。

贷款给那些有开创事业雄心而无资金的人，看起来好像很冒险，实际上，比贷给那些老实无能的人好得多。

人对一个人好，除了骨肉、手足之外，真正不讲求一点点条件的，可说少之又少。尤其在重视自身利益的工商界里，一个人对某人投资（包括有形无形的投资在内），必定会有很多考量的条件，绝不可能是纯感情上的。

这样一个在经营上有杰出表现的青年人，又有谁会对他不产生好感呢？所谓"自助而后人助"，这是千古不移的定理。

必须要自己显示出潜力和光芒来，才能把别人吸引到你身旁。

诚如海明威在《老人与海》中所说的："……一个有理想、能坚持的人，绝不是巨浪、洪流所能冲走的、征服的！"

做生意有三个要点：

1. 一开始做生意，就把它当做了一种终身的职业。如果你想从事工商业，如果你想成为一个著名的企业经营者，你首先要把它当做是你的终身职业，用全心全力去研究它、发展它。绝不能抱着玩票的心理。

2. 思想有条理，做事有决断。

3. 重守信诺，诚实不欺。

可是，如果你是个白手创业者，一开始在商场上锋芒太露，使人发生戒惧之心，就不是好兆头了。因为你在势单力薄的境况下发展，必须要结合外来的力量，使人对你不仅能产生好感，而且有誓死为你效力的忠诚。

要记住：没有一个孤独的人能成大事的，如果你想在财力不足的情况下转弱为强，除了积极思考、恪守信义，争取别人的信任和支持之外，绝没有第二条路可走。

事实上，有很多成功的商人是乐于助人的，尤其当他们看到一个有为的青年人时，心里会感到很不自在，就像错失了一次好的投资机会似的。他们的友谊、好心，往往被有"志气"的青年们拒绝了。

在工商界中，不乏白手起家的先例，但没有获得别人支持而成功者却不多见。身无分文要想将来做大老板，这念头既不可耻，也不是妄想，但你一定要有本事争取有力人士的支持，这样一定会产生事半功倍的效果。

你应该记住：如果你没有值得别人帮助的条件，精明的大老板们决不会支持你，所以你接受帮助，并不是表示无能，而是正表示你有与众不同的长处和才能。

什么是成功的因素，如果你以这个问题去询问十个人，你将得到十个不同的答案。

尽管每个人成功的因素不尽相同，但这其中却有一个共同的"分母"，那就是积极的思考，当然做生意的人也不例外。因此，下面这几个成功的要素，也适合在工商界创业的人，特别是那些赤手空拳打天下的人：

（1）积极思考，永不松懈。

（2）手边应办的事决不拖延、积压。

（3）对想完成的工作作深入的思考，不可匆忙急躁。因为在商场中如果不经心造成一次错误，往往是十倍努力也纠正不过来的。

（4）能够适时的配合新的发展趋势，绝不是事后追赶，而是迎头赶上。当生意机会来临时，先一步抓住，跟迟一步赶上，其所得结果往往是天壤之别的。

（5）具有适应弹性，不要做性格演员。当为情势所迫，非赔钱出货不可时，一定要拿出：壮士断腕的精神，忍痛牺牲，绝不可以呕气："老子赔钱不卖！"

（6）创造你自己的机会，不能有服从多数的消极心理。例如目前经济不景气，大家都说外销无路，生意难做；这话没有错，可是如果你也跟着大家诉苦，抱着"大家都没有办法，我也只好跟他们一样苦撑"的心理，那么，你也许失去了一次出头的机会。因为你是个"白手"，在生意好做的时候，你当然无法跟那些资本雄厚的人竞争，只有在他们因为生意不好做时，你才有机会凭自己的智慧、才能超越他们。"英雄造时势，时势造英雄"这句名言，用之于商场也是极恰切的。

（7）结合志趣相投的人，成为同甘共苦的伙伴。你在财力上已经很单薄，不能再在人力上显得孤单，在工商界不兴作"孤军奋斗"，应该"广结善缘"，生意的路子才够宽、够广。

（8）帮助别人，不先想对自己有什么好处。你认为这个人

应该帮助，就应该尽自己的能力去帮助他，这种出于至诚、毫无目的靠拢的帮忙别人，才能换来真正的友谊。这样的人，绝不可能成为你将来生意上的敌人，除非你一开始看走了眼，他是个不值得帮助的奸诈之辈。

（9）突来的幸运。这是每一位白手起家者几乎都承认的东西，虽然仔细地探讨起来，很少有幸运是凭空而来的。牛顿发现"万有引力"，是因为受到树上掉下苹果的启发，那个苹果对他是幸运的，可是，那种幸运对别人却毫无意义。所以你要具备接受幸运的条件，幸运才会降临你的身边，否则，幸运也许会变成灾难，以中奖券来说，这应该是属于突来的幸运，但是你不具备运用这笔财富的能力，很可能就会被它毁了你。

上述的几个条件；一千人也许不可能完全具备，但你至少要拥有半数以上，才能在工商界中，以赤手空拳的态势打出一条出路。所以，我先把这些成功的因素列在前，让每一个有志创业，或已在创业途中有了进展的青年人，要逐项地进行思考：

你拥有了几项这些因素？

有哪几项是你虽未曾拥有，而正全力以赴去追求、学习的？

有哪几项是你自己认为根本办不到的？

如果自己真想做生意，有没有资金并不是最大的阻碍，只要有做生意的头脑就行了。

凡是过来人，都有这样的经验，根据市场资料，研判市场趋势，本来是很科学的统计工作，但所得的结论，却往往会受一些很微妙作用的影响，也就是人们常说的"第六感"，而这种"感度"的大小是因人而异的，所以研判的情况也就有很多不同的结论。

如果判断的情况正确，投下去的必然会获得很大的利润，如果判断的不正确，不仅要赔钱，很可能血本无归。

一个人的劳力是有限的，一个人的智慧却是无穷的。换言之，要做一个运用智力赚钱的人，不要凭劳力。

敢想、会想就不会平庸

想法是大脑活动的产物，人的一切行为都受它的指导和支配。想法虽然看不见、摸不到，但它真实地存在着，你是平凡还是平庸完全在于你的想法。有什么样的想法，就会有什么样的命运。如果你的想法和自信、成功、乐观联系在一起，那么你会有一个圆满的人生；如果你总是想到自卑、失败、忧愁，那么你的命运也不会好到哪里去。

一个人想在事业上取得一定的成就，光靠一些老想法、老套路是很难成功的。当你站在一条已经有无数人走过的路上，遥望着难以企及的成功目标时，你应该早点觉悟，转变想法去寻找另一条更近、更省力的新路，而不要倔强固执地在这条困难重重的老路上浪费时间。

有人经常说："我忙得没有时间去想。"然而，就是"没时间去想"这五个字，却成为成功与失败的分水岭。平庸的人只知道"埋头拉车"，而成功的人却能"低头去想"，为解决事情想出最好的方法。其实，所有伟人的成就在开始时都不过只是一个想法罢了。

有一位才华横溢的年轻画家，早年在巴黎闯荡时一直默默无闻、一贫如洗，连一张画都卖不出去，因为巴黎画店的老板只寄卖名人的作品，年轻的画家根本没机会让自己的画进入画店出售。

但是，这一天，画店却来了一位顾客，向老板热切地询问有没有那位年轻画家的画。画店老板拿不出来，最后只能遗憾地看着顾客满脸失望地离去。

在此后的一个多月里，不断有顾客来店里询问年轻画家的事情，画店的老板开始为自己的过失感到后悔，多么渴望再次见到那位原来如此"有名"的画家。

就在老板十分焦急之时，这位年轻画家出现在了画店老板的面前，他成功地拍卖了自己的作品，并因此而一夜成名。

原来，当这位画家兜里只剩下十几枚银币时，他想出了一个聪明的方法：他用钱雇佣了几个大学生，让他们每天去巴黎的大小画店四处转悠，每人在临走的时候都要询问画店的老板：有没有这位画家的画？哪里可以买到他的画？

这个充满智慧的年轻画家便是毕加索。

金子不是在哪里都会发亮的，譬如，当它还埋在沙土中的时候；同样，也不是每一位有才华的人就一定会飞黄腾达，当机遇没有来到的时候，怨天尤人也无济于事。

这时，我们不妨学一学毕加索，动一动脑筋，想一个聪明的办法来创造自己的机遇。那么，成功说不定也就不期而至了。

方法从根本上讲，是"想"出来的。只有敢"想"、会"想"的人，才会成为成功者的候选人，才不会使自己处于平庸的地位。作为一个成功者，就应该善于转换想法，把别人尚未想到的事做成，把自己本来做不成的事做成。当别人失败时，你如果可以从他人的失败中总结经验，得出正确的想法，并付诸行动，你就可能成功。当你自己失败了，如果你能够吸取教训，把思想转换到新的正确的想法上，再付诸行动，你同样可以获得成功。

所以，对于敢"想"、会"想"的人来说，这个世界上不存在困难，只存在着暂时还没想到的方法，然而方法终究是会想出来的。所以，会转换想法的人只有一个结果，那就是成功。

突破思维定式才有无穷创意

对于每个人来说，若想使自己不再平凡，在社会上有所成就，就必须努力培养和展现自己创新的素质，千万不可墨守成规。假如你的思维或产品一成不变，一点都没有新鲜之处，那么，它们很快就会被社会的大潮所淘汰。

你一定听说过许多平凡者的创业神话：短短几年，一个个当初看起来很平凡的人，一下子成了亿万富翁，一些人甚至成了世界上最富有的人，如比尔·盖茨、杨致远、陈天桥等，这些人开始都是一个平凡的人，然而他们都有一个好创意。可见，创意就是不局限于眼前的成就，对自己有一个更高层次的要求；或者是在自己一无所有的情况之下，创造出新的东西，从而使自己的人生变得丰满充实。当然，想要使自己不再平凡，就必须要求你自己拥有创新的能力。

当人们麻木地陷入思维定式的泥沼中时，往往会不由自主地

形成一种不去创新的态度和思维方式，使得事情的发展缺乏突破与创新。平庸的人如果一直跟在别人的后面，那他只能吃别人的"剩饭"；只有努力创新，时刻给自己的生活注入一些新鲜的活力，才能走在别人的前面，才能吃到最香的"饭菜"才能使自己不再平庸。

斯大菲克在美国伊利诺伊州一个退役军人管理医院疗养的时候，通过看报纸得知，许多洗衣店都把刚熨好的衬衣折叠在一块硬纸板上，以避免出现皱纹。他获悉这种衬衣纸板每千张要花费4美元。突然间，他想到了一个主意，以每千张1美元的价格出售这些纸板，并在每张纸板上登上一则广告。登广告的人当然要付广告费，这样他就可从中得到一笔收入。斯太菲克有了这个创意以后，就设法去实现它。

他在出院后就投入了行动，并最终取得了成功。后来他发现衬衣纸板一旦从衬衣上撤除之后，就不会被洗衣店的顾客所保留。于是，他给自己提出这样一个问题："怎样才能使许多家庭保留这种登有广告的衬衣纸板呢？他解决的方法是在衬衣纸板的一面，继续印一则黑白或彩色广告。在另一面，他增加了一些新的东西——一个有趣的儿童游戏；一个供主妇用的家用食谱；或者一个引人入胜的字谜。效果很快产生了。有一次，一位男子抱怨，他的妻子把刚洗好的衬衣又送到洗衣店去了，而这些衬衣他本来还可以再穿穿。他的妻子这样做仅仅是为了多得一些菜谱。瞬间的灵感给乔治·斯太菲克带来了可观的财富。

创新的成功，总是孕育着创新者的强烈创新意识。要想摆脱传统观念和习惯思维的局限，就要鼓励自己打破思维禁锢，激活创新的意识。松下幸之助曾经说过："今日的世界，并不是武力统治而是创新支配。"只要勇于打破常规，再加上自己独特的创新意识，那便是一把成功的魔杖。创新的意识来自于生活，它并非是很神秘的，相反，它是人人都可以做到的。一切成就与财富都来自于创新的意识，你要做的就是充分发挥思考的能力，激活创新的意识。

敢于冒险、创新就不会平庸

做人要想成就一番大事业，取得一番大成功，就要能把胆子放大，在不违背社会道德和法律制度的前提下，去冒最大的险。

你不得不为成功而冒险，正如你必须为失败而冒险一样。如果你试图逃避，或被压垮，你就输了。所以说，要想成功，你就要敢于冒险，并且敢冒最大的险。

1866年，汽车诞生了，为适应时代发展的需要，满足客户的要求，劳埃德在1909年率先承接了这一形式的保险，在还没有"汽车"这一名词的情况下，劳埃德将这一保险项目暂时命名为"陆地航行的船"。

劳埃德还首创了太空技术领域保险。例如，由美国航天飞机施放的两颗通讯卫星，1984年曾因脱离轨道而失控，其物主在劳埃德保了1.8亿美元的险。劳埃德眼看要赔偿一笔巨款，就出资550万美元，委托美国"发现号"航天飞机的宇航员，在1984年11月中旬回收了那两颗卫星。经过修理之后，这两颗卫星已在

1985 年 8 月被再次送入太空。这样，劳埃德不仅少赔了 7000 万美元，而且向它的投资者说明：从长远看，卫星保险还是有利可图的。

目前，英国的"劳埃德"保险公司已成为世界保险行业中名气最大、信誉最隆、资金最厚、历史最久、赚钱最多的保险公司，它每年承担的保险金额为 2670 亿美元，保险费收入达 60 亿美元。

"敢冒最大的风险，去赚最多的钱。"一直是劳埃德的宗旨，它最大的自豪就是它的开拓创新精神，这就是能敏捷地认识并接受新鲜事物。现任劳埃德总经理说：劳埃德的传统就是要在市场上争取最新保险形式的第一名。

在某种程度上，生活是一场博弈。敢冒最大的风险的人，在人生战场上才能赚得最多的钱，在事业上才能取得最大的成功，才可能实现人生的最大价值。

用平凡的思考，创造不凡的业绩

思考并不是科学家、发明家和伟人的专利，普通人同样有思考的权利。那些演艺明星、社会名流、商业巨子为什么能够实现自己的人生价值，并能取得大大小小的成功呢？答案就是他们有平凡的思考。所以，从这个意义上说，人的成就首先是"想"出来的，是在正确思考后，并采取行动干出来的。每一个追求成功的人，几乎都能意识到：平凡的思考是打开成功大门的钥匙，他们都使自己养成了善于思考的好习惯。

但是，在生活中，仍有一些人不善于平凡的思考，没有养成思考的习惯。特别是当一些成功的经验被定格在"习惯"上之后，一旦面对新问题，就会做出消极的反应：不想再做新的思考，一切都显得理所当然，不愿改变现状。

一个养成思考习惯的人，往往不会满足于现状，不会因循守旧，不会迷信经验，不会盲从别人。他们遇到问题时，首先不是去接受别人的观点，而是多问一些"是什么""为什么""怎么样"等，有了这样平凡思考的习惯，他就不会只做一个机械的操作者、搬运工，因为他习惯于思考、观察，敢于突破条条框框的束缚，寻求新的思路，这样才会走出平庸，成为成功人士。

日本松下公司准备从新招的三名员工中选出一位做市场策划，于是，对他们进行例行上岗前的"魔鬼训练"，予以考核。

公司将他们从东京送到广岛，让他们在那里生活一天，按最低标准给他们每人一天的生活费用2000日元，最后看他们谁剩的钱多。

剩是不可能的，一罐乌龙茶的价格是300日元，一听可乐的价格是200日元，最便宜的旅馆一夜就需要2000日元……也就是说，他们手里的钱仅仅够在旅馆住一夜，要么就别睡觉，要么就别吃饭，除非他们在天黑之前让这些钱生出更多的钱。而且他们必须单独生存，不能联手合作，更不能给人打工。

第一位先生非常聪明，他用500日元买了一副墨镜，用剩下的钱买了一把二手吉他，来到广岛最繁华的地段——新干线售票大厅外的广场上，扮起了"盲人卖艺"，半天下来，他的大琴盒里已经是满满的钞票了。

第二位先生也非常聪明，他花 500 日元做了一个大箱子放在最繁华的广场上，箱子上写着："将核武器赶出地球——纪念广岛灾难四十周年暨为加快广岛建设大募捐。"然后，他用剩下的钱雇了两个中学生做现场宣传讲演，还不到中午，他的大募捐箱就满了。

第三位先生像是个没头脑的家伙，或许他太累了，他做的第一件事是找了个小餐馆，要了一杯清酒、一份生鱼、一碗米饭，好好地吃了一顿，一下子就消费了 1500 日元。然后钻进一辆被废弃的丰田汽车里美美地睡了一觉……

广岛的人真不错，第一位和第二位先生的"生意"都异常红火，一天下来，他们对自己的聪明和不菲的收入暗自窃喜。谁知，傍晚时分，厄运降临到他们头上，一名佩戴胸卡和袖标、腰挎手枪的城市稽查人员出现在广场上。他摘掉了"盲人"的眼镜，摔碎了"盲人"的吉他；撕破了募捐人的箱子并赶走了他雇的学生，没收了他们的"财产"，收缴了他们的身份证，还扬言要以欺诈罪起诉他们……

当第一位先生和第二位先生想方设法借了点路费，狼狈不堪地返回松下公司时，已经比规定时间晚了一天，更让他们脸红的是，那个"稽查人员"已在公司恭候！

原来，他就是那个在饭馆里吃饭、在汽车里睡觉的第三位先生，他的投资是用 150 日元做一个袖标、一枚胸卡，花 350 日元从一个拾垃圾的老人那儿买了一把旧玩具手枪和一把化装用的络腮胡子。当然，还有就是花 1500 日元吃了顿饭。

在充满竞争的社会里，要想成功，你必须有能力战胜别人，否则就会被别人"吃掉"，被社会"埋没"。在你的事业中，时时刻刻都会出现机会，也许只需要你灵机一动，事情的结果就会不一样。

不同的思考方式决定不同的行为目标，思考未来的技巧为你创造一种未来的新形象；要想从平庸中走出来，思考是必不可少的。如果你想要迅速致富，那么你最好去找一条捷径，不要到摩肩接踵的人流中去拥挤，要丢弃"不可能""办不到""多么愚蠢"的消极念头。将自己的思维和视野努力变得开阔起来，善于从习以为常的事物中发现新的契机，主动反常逆变，去认识和发现新的事物。

正确巧妙的思考技巧，对于不甘心平庸的人来说，无异于机器内部的硬件。大多数人并不缺乏必要的知识与才能，缺少的就是一个正确巧妙的思考习惯。

不要被思维定式捆住手脚

无论是思考如何解决碰到的新问题，还是对已熟悉的问题寻求新的解决方案，一般都需要在多途径的探索、尝试的基础上，先提出多种新的设想，最后再筛选出最佳的方案。而基于反复思考一类问题所形成的"一定之规"，对这样的创新思考常常会起一种妨碍和束缚的作用。它会使人陷在旧的思维模式的无形框框中，难以进行新的探索和尝试，因而也就难以产生新的设想。

一个长期习惯于按"一定之规"考虑问题，很少进行创新思考的人，久而久之，往往会把很多本来大不相同的问题，也因为它们之间的某些相似之处，而看成同一类问题，用相同的办法去解决。这样，自然就会白费精力。有一位心理学家说过："只会使用锤子的人，总是把一切问题都看成钉子。"就好像卓别林主演的《摩登时代》里的那个可笑的工人那样，由于一天到晚拧螺丝帽，一切圆的东西，包括衣服上的纽扣和圆形图案，在他眼里都成了螺丝帽，他都会用扳手去拧。

人形成思维定式是人类心理活动的普遍现象。创新是人类社会进步的客观要求。而要摆脱和突破一种思维定式的束缚，常常都需要付出极大的努力。无论是在创新思考的开始，还是在其他某个环节上，当我们的创新思考活动遇到了障碍，陷入了某种困境，难以再继续想下去的时候，往往都有必要认真检查一下：我们的头脑中是否有了某种思维定式在起束缚作用？我们是否被某种思维定式捆住了手脚？

有一个边防缉私警官，每天晚上都看到一个人推着一辆驮着大捆麦秸的自行车，朝边防站走来。每天，警官都会命令那人卸下麦秸，解开绳子，并亲自用手拨开麦秸仔细检查。尽管警官一直期待能在麦秸里发现些什么，却从未找到任何可疑之物。

这天晚上，警官像往常一样仔细检查完麦秸，然后神色凝重地对那人说："听着，我知道你每天都通过这个关卡干着走私的活动。我年纪大了，明天就要退休了，今天是我最后一天上班，假如你跟我说出你走私的东西到底是何物，我向你保证绝不告诉任何人。"那人听了对警官低语道："自行车。"

"啊？"警官愣了半晌才醒悟过来。

这个缉私警官的视线完全被那一大捆麦秸吸引了，可以说是受阻于走私者隐藏赃物的定式，而忽略了正面驶来的自行车。也许换一个角度考虑一下问题的始末，他就会恍然大悟了，这就是思维的逆转。

在瞬息万变的社会，如果一味恪守固有的经验，它容易把人的思维引入歧途，也会给生活与事业带来消极影响。一成不变的思维方式，将会带来毫无生机的生活局面。常规是束缚创造力的关键，但是，能够赢得精彩人生、创造辉煌事业的人恰恰只是少数。曾经有一位社会学者调查后得出结论：凡是能够成功打破"一定之规"的人，几乎都赢得了成功。在一般情况下，按常规办事并不错。但是，当常规已不适应变化了的新情况时，就应解放思想，打破常规，善于创新，另辟蹊径。只有这样，才有可能化缺点为优点，化弊端为有利，化腐朽为神奇，在似乎绝望的困境中找到希望，创造出新的生机，取得出人意料的胜利。

打破常规，才有所作为

打破常规进行思考，是一条特殊的思维规律，是创新型人才不可缺少的特质。一旦学会了打破常规进行思考，就会迎来一片崭新的天地。艺术大师毕加索指出："创造之前必须先破坏。"破坏什么？传统观念和传统规则。面对瞬息万变的市场环境，只有敢于挑战常规，打破常规，才能有所作为。

1952年，由于受经济风波的影响，日本的东芝电器公司积

压了大量的电风扇销售不出去，为此，公司的有关人员虽然绞尽脑汁想了很多的办法，但销量还是不见起色。看到这种情况，公司的一个基层小职员也努力地想办法，几乎到了废寝忘食的程度。

一天，小职员看到街道上有很多小孩子拿着许多五颜六色的小风车在玩，头脑里突然想到：为什么不把风扇的颜色改变一下呢？这样既受年轻人和小孩子的喜欢，也让成年人觉得彩色的电扇能为屋里增光添彩啊。想到这里，小职员急忙跑回公司向总经理提出了建议，他听了这个建议后非常重视，特地召开了大会仔细研究并采纳了小职员的建议。

第二年夏天，东芝公司隆重推出了一系列彩色电风扇，一改当时市场上一律黑色的面孔，很受人们的喜爱，掀起了抢购狂潮，短时间内就卖出了几十万台，公司很快摆脱了困境。而这位小职员不但因此获得了公司 2% 的股份，同时也成了公司里最受大家欢迎的职员。

人一旦形成了习惯的思维定式，就会习惯地顺着思维定式思考问题，不愿也不会转个方向、换个角度想问题，这种思维定式的影响很大。思维定式是阻碍人前进的一条铁链，它使人的思维进入无法前进的死胡同，因此，当我们发现自己被那一条条铁链锁住时，一定要当机立断，立即挣开它的捆绑，使自己的潜能得到充分发挥。很多人走不出思维定式，所以他们走不出宿命般的可悲结局；而一旦走出了思维定式，也许可以看到许多别样的人生风景，甚至可以创造新的奇迹……

世上的事情有时就是这么简单得让人难以置信：如果你墨守

成规，等待你的只有失败；相反，如果你稍微动一下脑筋，对传统的思维方式进行一番创新，就能获得成功。在竞争激烈的商业社会中，那些人云亦云的人，只能眼看着别人享受着丰富的财富，而只有打破"一定之规"的人才有可能赢得先机。

敢于不断创新，就能领先别人

　　人生需要不断创新，领先别人的人永远让别人跟着他走，被别人领先的人永远跟着别人走。别人做什么，你就做什么，你最多只是个好的模仿者。要成为一个领导潮流的人，你就必须成为一个创新者，只有创新才能让你有机会超越常人。你要时时刻刻想着："我如何跟别人不一样，并且比他更好。"而不是"我如何与别人一样好"。

　　两个青年一同开山，一个把石块儿砸成石子运到路边，卖给建房人；一个直接把石块运到码头，卖给杭州的花鸟商人，因为这儿的石头总是奇形怪状，他认为卖重量不如卖造型。三年后，卖怪石的青年成为村里第一个盖起瓦房的人。

　　后来，一条铁路从这儿贯穿南北，这儿的人上车后，可以北到北京，南抵九龙。那个青年又在他的地头砌了一道三米高、百米长的墙。这道墙面向铁路，背依翠柳，两旁是一望无际的万亩梨园。坐火车经过这里的人，在欣赏盛开的梨花时，会醒目地看到四个大字：可口可乐。据说这是五百里山川中唯一的一个广告，那道墙的主人仅凭这座墙，每年就有 4 万元的额外收入。

20世纪90年代末，日本一家著名公司的老板来华考察，当他坐火车经过这个小山村的时候，听到这个故事，马上被此人惊人的商业头脑所震惊，当即决定下车寻找此人。当日本人找到那个青年时，他正在自己的店门口与对门的店主吵架。原来，他店里的西装标价800元一套，对门就把同样的西装标价750元。他标750元，对门就标700元。一个月下来，他仅批发出8套，而对门的客户却越来越多，一下子发出了800套。

日本人一看这情形，对此人失望不已。但当他弄清真相后，又惊喜万分，当即决定以百万年薪聘请他。原来，对面那家店也是他的。

有些时候，当你在一个熟悉的环境里生活久了，无形之中，在你的内心就会形成一种依赖性，容易给自己造成一种安逸的假象。因此，你必须努力从这种假象里跳出来，不断提高自己的创造能力。而这种创造能力，必须在你具有推陈出新的勇气的保证下，才能顺利实施的。这种勇气，不是与生俱来的，更不能靠别人的恩赐，而是需要你在不同的环境和实践中，不断地积累和升华。

有思考才会有创新，有创新才容易成功。今天，一个人要想立足社会，将以有无创新意识和创新能力来论成败。微软总裁比尔·盖茨总是这样说："微软离破产永远只有18个月。"不要认为这是危言耸听，在这个知识经济快速更替的时代，不进则退，不创新就意味着衰败，衰败的后果必将是死亡。

当你在前进的道路上遇到了阻碍而无法前行时，要敢于突破常规思维的束缚，创新思维可以让你避免挣扎于"千军万马过独木桥"的竞争旋涡，从而独树一帜、另辟蹊径，如此，你才能领先别人，因获得先机而更易取胜。

打破思维的旧框框

人们总是很容易陷入到固有的思维模式里去，有时候明明某种想法对解决问题没有很好的效果，却非得按照常规去做，结果白白地耗费了时间和精力。人一旦形成了习惯的思维定式，就会习惯地顺着固有的想法思考问题，不愿也不会转个方向、换个角度想问题。很多人都有这样的愚顽的"难治之症"，所以走不出宿命般的可悲的结局。

其实，在这个时候最需要做的应该是改变自己的想法，哪怕改变只是很小的一点，也可能起到很好的效果。而在许多人生的转折点，一旦能调整思路，换个想法，也许就可以看到许多别样的人生风景，甚至可以创造出人生的奇迹。

如果一个人的想法老停留在某一个点上，就永远无法开拓自己的视野和思路。你应该经常将眼光放远，产生一些新的想法。当然，你在想象的同时，应该把焦点指向一个全新固定的目标。否则，极容易将自己的思路陷入空想和妄想之中，这样也会阻碍你创造力的发展。

人活一世，生存环境不断变迁，各种事情接踵而来，因循守旧是无论如何都行不通的。生活中有一些人总是失败，就是因为他们按图索骥、墨守成规，从而把自己的道路堵死，结果导致自

己寸步难行。其实，一些旧想法、旧规矩都是可以打破的，只要我们做事灵活而不失原则，我们就不会平庸，就能顺应社会的发展和时代的变迁。

换个角度思考，自己不再平凡

换个角度，就换了一种思维，就打破了自己的习惯思维和固有思维，这样，必然会有不一样的结局出现。在现实的生活中，当人们解决问题时，时常会遇到瓶颈，这是由于人们只从同一个角度思考造成的，如果能换一换视角，情况就会改观，就会有新的变化与可能。

从前，有个商人到一个市镇跑买卖，身边带了不少金币，可那时又没有银行，走到哪带到哪，又重又不方便，还很不安全。于是，他一个人悄悄来到一个僻静之处，瞧瞧四周无人，就在地里挖了一个洞，把钱埋藏起来。

可是，第二天钱就不见了。他没有慌乱，而是慢慢地回忆，昨天确实没有人看到自己埋藏金币，它为什么会不见了呢？就在这时，他无意中发现远处有一间房子，房子的墙上有个洞，正对着他埋钱的地方。他突然想到，会不会是这房子里的人，从墙洞里看见自己埋钱，然后才挖走的呢？

于是，他打定主意，来拜访房子的主人："你住在城市里，头脑一定灵活。现在我有一件事要请教，不知行不行？"那人一口答应道："请尽管说。"商人接着说："我是外乡人，特地到这里来办货，身上带两个钱包，一个里放了 500 个金币，另一个里放了 800 个金币。我已把小钱包悄悄埋在没人知道的地方。但是这个大钱包怎么办呢？是埋起来还是交给能够信任的人保管呢？"

房子的主人很贪心，就对他说："什么人都不要信任，把大钱包同小钱包埋在一个地方最安全。"等商人一走，这个人马上拿出挖来的钱包，又去埋在原来的地方。这下可把躲藏在附近的商人高兴坏了，等那人一走，他马上将钱袋挖了出来，500 个金币一个不少地回到了他手里。

这个商人能够让金币失而复得，确实手段高明。他知道小偷儿之所以偷窃别人的东西，就是因为有一种贪得之心，而贪得之心自然是可得之物价值越大，心也越大的。所以，就正好将计就计，让他自己"交"出金币。

遇到难以解决的问题，与其死盯住不放，不如把问题转换一下，化难为易，达到解决问题的目的。聪明人可以把复杂问题简单化，不聪明的人可以把简单的问题复杂化。事实上，解决复杂问题时能够化繁为简，就体现了一种新的视角。把自己生疏的问题转换成熟悉的问题，开启了另一个视角，就会产生一个新思路。

长期以来，平庸的人习惯于传统的思维方式，喜欢"照葫芦画瓢"，看到别人怎么做就马上跟着怎么做，从来没有自己的思想，从来不考虑要靠自己想出新的角度做事。这种人的事业注定不会有很大的发展。因为思维是改变自我的内在基础，好方法是解决问题的必要工具。只有运用头脑，积极思考，转换思路，不断开

拓出新的做事方法，你才能够在社会中发现、创造更多的机会，实现自己的目标，改变自己的生活，从而使自己不再平凡。

逆向思维是通向成功的一种捷径

世间事物千奇百怪，变幻莫测，固定、单一的思维模式是不足以应对一切复杂多变的世事的。可以说，世间唯一不变的真理就是"变"。在做事的时候，只有不断变通，才可能绕开生活道路上的一切障碍，让你轻松获得成功。

在思考的过程中，需要合理想象与发挥创造性思维，只有这样，人的认识能力才能得到进一步提高，认识成果才会不断增加。而创造性思维的一个表现，就是敢于打破常规，进行逆向思维。人的每一种行为，每一种进步，都与自己的变通思维能力息息相关，离开了变通思维，人就什么事情也办不成了。

之所以有的人成就了伟业，有的人却碌碌无为一辈子，原因就在于变通思维的差异。其实，成功的机会无处不在，只是它更青睐于善于思考、善于变通的人。别人成功了，我们却没有，并不是别人运气好，而是他们善于思考，对这个世界多了份观察，对自己的生活多了份思考，在事情的解决方法中多添了一份变通。就像有人说的：这个世界不缺少能干活的人，缺少的是会思考会变通的人。许多成功人士一生少有失败，关键在于他们在为人处世方面精通变通之道，进退之时，俯仰之间，都超人一等。

有一家大公司的董事长即将退休，他想物色一位才智过人的接班人。经过一段时间的观察，他最后挑出了两位人选——约翰和吉米。因为他们都很精通骑术，老董事长便邀请二位候选人到他的农场做客。当他们到来时，老董事长牵着两匹同样好的马走了出来，说："我知道你们二人都很善于骑马，这里有两匹很好的马，我要你们比赛一下，胜利者将成为我的接班人。"

他把白马交给了约翰，把黑马交给了吉米。这时，老董事长开始宣布比赛的规则："我要你们从这儿骑马跑到农扬的那一边，然后再跑回来。谁的马跑得慢，也就是后到目的地，谁就是胜利者。"

听了这话，约翰突然灵机一动，迅速跳上了吉米的黑马，然后快马加鞭地向前急驰而去，他自己的马却留在了原地。吉米感到约翰的举动很奇怪："咦！他怎么骑了我的马呢？"当他终于想通了是怎么一回事时，已经太晚了。他的黑马遥遥领先，无论怎样追也追不上了。结果，吉米的马最先到达终点，他输了。

老董事长高兴地对约翰说，"你可以想出有效的创新办法，能出奇制胜，证明你有足够的才智来接替我的位置，我宣布，你就是下一任董事长了！"

其实，人与人之间，谁比谁聪明、谁比谁幸运并不是最大的差距，最大的差距在于谁思考更深入，变通更及时。因此，我们在生活中要勤于思考，善于变通，对于一些别人解决不了的问题，我们可以换个思路去解决；对于别人想不到的事情，我们要努力想到并实现。"只有想不到，没有做不到"，这句稍显夸张的话，从某种角度讲，是有一定道理的。会思考、会变通的人是永远不会被困难阻挡的，即使前面荆棘丛生，他们也能披荆斩棘，奋勇向前。

逆向思维作为通向成功之路的一种捷径，它缩短了行动与目标之间的距离，它常常是成功人士发掘机遇，牢牢把握机遇的窍门，它的匠心独运、别出心裁，往往能为你实现理想做出独创性的贡献。

变换思路，解决难题

在人类前进的历史长河中，世界日新月异，社会不断发展，实践告诉人们：无论是思想还是行为上的停滞不前，其最终结果都会是被历史无情地淘汰。保持自己的本色，坚持自己的初衷，固然是一种执著，但人生总是充满了无数的玄机，在人生的大风浪中，我们常常要学船长的样子，在狂风暴雨之下，把笨重的货物扔掉，以减轻船的重量，而这货物有时可能恰恰就是我们最初所最珍视的东西。"宁为玉碎，不为瓦全"固然可敬，可捡起我们身边的残片碎瓦有时也不失为一种灵活。

在漫漫人生长路上，懂得变通的人可以随处找到成功的机会，相比之下，那些不善于变通的人，纵有一身过硬的本领，也会因为不懂得因时因地变通，而无法捕捉和把握稍纵即逝的机会，从而无法成功。甚至有的时候，机会向他迎面走来，他也会视而不见，让成功与自己擦肩而过。

人总是有其固有的传统思维。而想摆脱传统陈旧的思维方式的束缚并不是件容易的事情，因为传统思想观念像影子一样深藏在人们的心灵深处，不为人们所察觉，但它却严重地影响着人们的言谈举止和行为方式。这些传统的思维方式阻碍着你的变通思维的发展，使你行走社会感觉到做很多事都困难重重，感觉成功离你是那么遥远，但是如果你能转换个思维方向，变通地看待一切，变换你的处事方式，你就会发现，你不再寸步难行，很多事情都能轻而易举地办好，成功与你也是前所未有地接近。

法国著名女高音歌唱家玛·迪梅普莱有一个美丽的私人园林。每到周末，总会有人到她的园林里去摘花，采蘑菇，有的甚至搭起帐篷，在草地上野营、野餐，弄得园林一片狼藉，脏乱不堪。

管家曾让人在园林四周围上篱笆，并竖起"私人园林，禁止入内"的木牌，但均无济于事，园林依然不断遭到践踏和破坏。于是，管家只得向主人请示。迪梅普莱听了管家的汇报后，让管家做几个大牌子立在各个路口，上面醒目地写明：如果在园林中被毒蛇咬伤，最近的医院距此15公里，驾车约半个小时才能到达。自此以后，再也没有人闯入她的园林。

园林还是那个园林，只是变了一个思路，保护园林的难题就解决了。

变通是一门艺术，也是一门学问。所谓"穷则变，变则通"，很多人之所以一辈子都碌碌无为，那是因为他活了一辈子都没有认真地体味、揣摩成功人士之所以成功的原因，都没有弄明白变通对人生的决定性作用，都不知道怎样变通，才能为自己的人生画上灿烂的一笔。

第五章　思想决定平凡与平庸

善于改变观念，就能抓住机会

　　人的发展永远都离不开机会，要想能够及时地把握机会、创造机会，那么我们就必须不停地开动脑筋，运用智慧，否则我们就有可能会被时代淘汰。只要我们不拒绝变化，并且善于运用变通的思维方式，不断改变自己的观念，我们就能抓住机会，走出困境，进入新的天地。

　　在 18 世纪的法国，土豆种植曾有很长一段时间得不到推广。医生们认定它对健康有害；农学家断言，种植土豆会使土壤变得贫瘠。法国著名农学家安瑞·帕尔曼切曾吃过土豆，觉得土豆是一种很好的食品，于是决定在本国培植它。可是，过了很长一段时间，他都未能说服任何人。面对人们根深蒂固的偏见，他一筹莫展。后来，帕尔曼切决定借助国王的权力来达到自己的目的。1787 年，他终于得到了国王的许可，在一块出了名的低产田上栽培土豆。帕尔曼切发誓要让这不受欢迎的"鬼苹果"走上大众的餐桌！

　　他要了个小小的花招——请求国王派出一支全副武装的卫队，白天晚上轮流值班对那块土地严加看守。这异常的举动，撩拨起人们强烈的偷窥欲望。此举的确显得十分神秘，一块种植土豆的田地怎么会派哨兵日夜把守呢？周围的农民无不好奇，不断地趁着士兵的"疏忽"而溜进去偷土豆，小心翼翼地把偷来的土豆拿回去研究，并种在自家地里，看到底有何不同。哨兵对周围的农民偷土豆，表面上似乎严禁，实际上则睁一眼闭一眼。当周围的农民种的土豆获得丰收之后，所谓的"鬼苹果"的优点也就广为人知了。就这样，通过这个巧妙的主意，土豆在法国普及开来，很快成为最受法国农民欢迎的农作物之一。土豆加工后食品也昂然走进了千家万户。

通向成功的大道，绝不止思维变通一种方式，但是，突破常规的变通的思维能力，却是每一个渴望成功的人所必须具备的。只有拥有了灵活变通的思维能力，并将之与具体行动相结合，才能快捷便利地达到自己理想的远大目标。

当传统的方法已经不能解决问题时，我们应该学会另辟蹊径。实际上，促成人类社会进步的一切科技发明，起因都是解决问题过程中的"另辟蹊径"。比如为了解决"怎么才能更快地收割小麦"的问题，如果我们仅限于传统的方法——把镰刀磨得更快，而不是想着去创造另外一种方法，那永远也发明不了联合收割机。上一次解决问题的办法，这一次不一定最适用。我们可能还有其他的办法，也许还有比传统的办法好上百倍千倍的办法。

只要懂得变通，就能走向成功

纵观古今，无论是帝王将相，还是平民百姓，他们都需要在动态变化的世界中走完自己的人生，而成功者大多是敢于变通、善于变通的人。因此说，做事学会变通，就等于拥有了生存之本。当我们遇到困难的时候，必须思考变通之策。因为，客观情况在不断变化，我们必须随着客观情况的变化而变化，只有这样，我们才可以克服困难，走向成功。

柯特大饭店是美国加州的一家老牌饭店。饭店老板准备改建一个新式的电梯。他重金请来全国一流的建筑师和工程师，请他们一起商讨，该如何进行改建。

建筑师和工程师的经验都很丰富，他们讨论的结论是：饭店必须新换一台大电梯。为了安装好新电梯，饭店必须停止营业半年的时间。

"除了关闭饭店半年就没有别的办法了吗？"老板的眉头皱得很紧，"要知道，这样会造成很大的经济损失……"

"必须得这样，不可能有别的方案。"建筑师和工程师们坚持说。

就在这个时候，饭店里的清洁工刚好在附近拖地，听到了他们的谈话，他马上直起腰，停止了工作。他望望忧心忡忡、神色忧郁的老板和那两位一脸自信的专家，突然开口说："如果换了我，你们知道我会怎么来装这个电梯吗？"

工程师瞟了他一眼，不屑地说："你能怎么做？"

"我会直接在屋子外面装上电梯。"

"多么好的方法啊"工程师和建筑师听了，顿时惊讶不已。

很快，这家饭店就在屋外装设了一部新电梯，而这就是建筑史上的第一部观光电梯。

习惯性地认为电梯只能安装在室内，却想不到电梯也可以安装在室外，像这样墨守成法、循规蹈矩的人比比皆是。问题不在于他们的技术高低、学识多寡，而在于他们突破不了常规的思维方式。工程师和建筑师被专业常识束缚住了，而清洁工的脑子里没有那么多条条框框，思路很开阔，所以才会想出令专家们大跌眼镜的妙招。

美国的著名人物罗兹说过："生活中最大的成就是不断地自我改造，以使自己悟出生活之道。"的确，在很多情况下，外物是无法改变的，我们能改变的就是我们的思想。变通，可以说是我们遇到困难和变化时所能采取的最好方法与手段之一。

会变通的人知道，只要先有一个平台，把自己的优势展现出来，别人才会知道你的能力和才华，只要真有能力就不怕无用武之地。爱尔兰伟大的思想家乔治·萧伯纳曾经说过："明智的人使自己适应世界，而不明智的人只会坚持要世界适应自己。"无论遇到任何困难，只要懂得变通，就能走向成功。

任何事情都是处于变化之中的，往往一件事的发展总是会在你的意料之外。而一个思想僵化、保守的人显然是难以应付的，养成灵活变通的习惯，这是一个人取得成功的关键。

创新决定成功

一个人的事业是"死"，是"活"，是由的。也只有创新才能"救活"自己的异常思维和才智，从此激活全身的能量，这就要求及时注入"创新因子"。谁拥有创新习惯，谁将会成为赢家；谁要拒绝创新，那他只有平庸！换句话说，一个有着思考创新习惯的人，他一定拥有闪亮的人生！

　　美国经济学家熊彼特在 1992 年出版的《经济发展理论》一书中提出了创新这个概念。熊彼特给创新下的定义是"生产要素的重新组合"。其中包括五种形式：

　　1. 引进一个新产品。

　　2. 开辟一个新市场。

　　3. 找到一种原料的新来源。

　　4. 发明一种新的生产工艺流程。

　　5. 采用一种新的企业组织形式。熊彼特认为，创新是社会经济进步的动力。

　　其实，创新也就是创造革新，它永远与墨守成规和因循守旧相对立。在现代化社会里，人们有更充裕的金钱追求物质享受；也正是因为如此，工商业界也需要更多勇于创新的人，来创造更多更加新奇的能够赚钱的东西。例如，怎样使沙发坐起来更舒服呢？怎样使衣服穿起来更舒适，更好看？怎样使吃的东西美味可口更方便……等待创新的东西太多，也正因为如此，创新是创造财富的源泉。

　　怎样才能使洗衣机洗后的衣服不沾上小棉团之类的东西？这曾经是一个让科技人员棘手的难题。这样的难题却被一位有创新意识的日本妇女给攻克了。

　　日本有一位家庭妇女，当她遇到这个问题时，她不是埋怨、发牢骚，而是去探索一个解决问题的办法。有一天，她突然想起年少时在山冈上捕捉蜻蜓的情景，并且把它与当前洗衣机需要解决的问题联系起来。她想，小网可以网住蜻蜓，那在洗衣机中放一个小网是不是也可以网住小棉团之类的小杂物呢？当时许多科技人员都认为，这个想法未免把科技上问题想得太简单了。但这位家庭妇女却没管这些，她利用空闲时间动手做起她所设想的小网来。三年间，她做了一个又一个的小网，反复地研究试验，终于获得了满意的效果。小网挂在洗衣机内，由于洗衣机里的水使衣服和小网兜不停地转动，小棉团之类的杂物就会自然地被清除干净，这样的小网兜构造简单，使用方便，成本低廉，而且一个可以使用许多次，大受顾客的欢迎。因此这名妇女获得了高达 1.5 亿日元的专利费。

创意生财的例子还有很多，巴柴就是其中的一个。

冬天在冰封的海边钓鱼的人多的是，他们钓起来的鱼也是很快就冰冻了，谁也没为司空见惯的现象花时间思量，但巴柴却从中找到了冰冻法的创意，也因此一举成为富豪。可以说这就是创意的神奇所在和魅力所在。

大约在 20 世纪 20 年代的初期，巴柴每年冬天都和一些朋友到冰封的纽芬兰海岸去钓鱼，每次都能钓很多，钓上来的鱼放在冰上立即就会冰冻起来。因为一次吃不完，巴柴就把多余的鱼带回家。几天后当他要吃带回家的鱼时发现，如果鱼身上的冰不溶解，即使经过几天，味道也不会变。于是他就再进一步试验肉和蔬菜冰冻的效果，发现竟也跟冷冻鱼一样能保持新鲜。

经过他又锲而不舍地反复实验，了解到，食物冰冻的速度与方法不同，会使冷冻后的味道和新鲜度产生一定的差异。假设冰冻得不好，就会失去原来的味道和新鲜度。经过几个月的摸索后，终于研究出不会失去原来新鲜度的冰冻方法。

1923 年 8 月，巴柴把自己无意中"捡"来的发明拿到专利局

第五章　思想决定平凡与平庸

申请专利，然后卖给美国通用食品公司，以 3000 万美元成交。巴柴的创意使他在短短的时间里成为了富豪。创造新意就是创造财富，这就是巴柴成功的秘诀。

谁拥有创新习惯，谁将会成为赢家；谁要拒绝创新，那他只有平庸！换句话说，一个有着思考创新习惯的人，他一定拥有丰富的人生！

第六章

敢于行动的人不会平庸

付诸行动是成功的秘诀

成功者都是平凡的人，唯一的差别在于他们比普通人多做了某些事情，于是他们成功了。你之所以还仅仅是在想成功，是因为现状还没有将你逼上绝路，你还得混下去。篮球场上得分最多的人一定是投篮次数最多的人，同时也很可能是投篮而没有进球的次数最多的人。大量的行动可能包含大量的失败，但同样包含大量的成功。重要的不是有多少次失败，重要的是得到了多少次成功。

机会来临时不要犹豫，马上行动，这是你走向成功的必经之路。比尔·盖茨说："你不要认为那些取得辉煌成就的人，有什么过人之处，如果说他们与常人有什么不同之处，那就是当机会来到他们身边的时候，立即付诸行动，决不迟疑，这就是他们的成功秘诀。"

一位原籍上海的中国留学生刚到澳大利亚的时候，为了寻找一份能糊口的工作，他骑着一辆旧自行车沿着环澳公路走了数日，替人放羊、割草、收庄稼、洗碗……只要给一口饭吃，他就会暂且停下疲惫的脚步。

一天，在唐人街一家餐馆打工的他，看见报纸上刊出了澳洲电讯公司的招聘启事。留学生过五关斩六将，眼看他就要得到那年薪 3.5 万澳元的职位了，不想招聘主管却出人意料地问他："你有车吗？你会开车吗？我们这份工作时常外出，没有车寸步难行。"

澳大利亚人普遍拥有私家车，无车者寥若晨星，可这位留学生初来乍到还没有能力买车，也没有学车。为了争取这个极具诱惑力的工作，他不假思索地回答：

"有！会！"

"4 天后，开着你的车来上班。"主管说，

4 天内要买车、学车谈何容易，但为了生存，留学生豁出去了。他在华人朋友那里借了 500 澳元，从旧车市场买了一辆外表丑陋的"甲壳虫"。

第一天，他跟华人朋友学简单的驾驶技术；第二天，他在朋友屋后的那块大草坪上模拟练习；第三天，他歪歪斜斜地开着车上了公路；第四天，他居然驾车去公司报到了。没过多久，他就成了"澳洲电讯"的业务主管。

每个人都知道机会稍纵即逝，所以，要把握时机确实需要眼明手快地去"捕捉"，而不能坐在那里等待或因循拖延。

在生活中，我们总是有希望而不去抓住，有计划而不去行动，坐视各种希望和计划慢慢地离我们远去。行动就是力量，一万个空洞的说教远不如一个实实在在的行动。如果你真的下定了决心并且立刻去做一件事，你的梦想往往就会实现。

第六章　敢于行动的人不会平庸

勇气是我们登高的梯

谁也不想使自己的一生碌碌无为，人人梦想一生成功、富贵，可是只有少数人与成功和财富结缘。我们常抱怨自己没有遇到好机会，生不逢时，然而机会一旦降临，你是否有足够的勇气和胆识去把握呢？

人生好比一座山峰，需要我们去攀登。在攀登的过程中，有悬崖也有峭壁，这时就需要你拿出勇气。勇气是成功的前提，拥有勇气，你就向成功迈进了一步。其实，所谓的成功者，他们与其他人的唯一区别就在于，别人不愿意去做的事，他去做了，而且全身心地去做。所以，成功其实只需要那么一点点勇气。

强者从来不知道什么叫失败。他们让人敬佩的地方不在于永不失败的精神，而是它那屡败屡战、越战越勇，最后达到胜利的勇气。一个人即使什么都没有了，但至少还有勇气，那是人生最大的财富；有了勇气，就拥有了一切，就成了战胜众人、夺得王者之位的强者！

如果失去了金钱，失去的也只是一点点；失去了工作，你就失去了许多；如果你失去了勇气，那你就什么都失去了。有人认为勇气是天生的，事实上，勇气大部分靠的是后天锻炼和培养的。现实生活中，如果一个人缺少了勇气，哪怕有再多的知识、再强的体魄，也无济于事。

日本三洋电机的创始人是井植岁男，有一天，他家的园艺师傅对井植说："社长先生，我看您的事业越做越大，而我却像树上的蝉，一生都坐在树干上，太没出息了。您教我一点创业的秘诀吧！"井植点点头说："行！我看你比较适合园艺工作。这样吧，在我工厂旁有2万平方米空地，我们合作种树苗吧！树苗1棵多少钱能买到呢？""40日元。"井植又说："好！以一平方米种两棵计算，扣除走道，2万平方米大约种2万棵树苗，树苗的成本不到100万日元。3年后，1棵树苗可卖多少钱呢？""大约3000日元。""100万日元的树苗成本与肥料费由我支付，以后3年，你负责除草和施肥工作。3年后，我们就可以每棵获利3000日元，共2万棵，应为6000万日元！到时候我们每人一半利润。"听到这里，园艺师傅却拒绝说："哇！我可不敢做那么大的生意！"最后，他还是在井植家中栽种树苗，按月拿取工资，白白失去了致富的良机。

很多时候并不是你的能力不行，也不是你没有机会成就大事业，而是你信心不足，勇气不够，骨子里有着一种天然的惰性，一遇上困难就妥协了、退缩了、放弃了。成功者不是这样，他们敢于与命运抗争，不断前进，直到取得自己满意的结果。

打拼能让你走出平庸的境地

成功并非一场竞赛，也不是一座难以逾越的高山，它其实只是你生来就具有的权利，它是你生活的本来面目。

当然，你必须为此工作。个人的成长是创造成功的自然而然的过程。如果你向任何一个拥有成功而幸福生活的人士询问:"培养新能力,达到自己的最佳境界是一种什么样的感觉?"他们往往会稍加考虑,然后微笑着告诉你:"那种感觉好极了!我无法想象以其他方式生活。"

但是,我们谁都不能否认,所有的成功都是在你的实力允许之下到来的,而实力的获取离不开你自己对自己的充电,不断地充实自己,才能不断地培养你的实力,只有这样,生活才会改变,奇迹才会到来,有这样一个例子:

第一天阿杰去单位报到,就庸俗地误把一位同事当成领导,正眼都没有瞧一下总编,同事把长相毫不起眼的总编介绍给他时,他怀疑地问了一句:"他是老总呀?"结果就惹火了在一旁的总编。他冷冷地看了一眼阿杰的履历表,阴阴地说:"以后去采访时别以貌取人。"

总编像是恨透了阿杰似的,对阿杰从来就不给好脸色,于是,阿杰想方设法去讨好总编,在他面前尽量谄媚,态度谦恭,好几次想请总编去饮茶赔罪,但是都不成功,老总根本就不吃他的那套,一味的对阿杰的表现诸多挑剔,动不动就责骂他,常常激得他想将这份工作给辞了。

后来,阿杰狠心发誓再不讨好总编了,一心扑在自己的业务上面,一有空闲的时间就到图书馆充电去,常常写稿至深夜,对总编的刁难也不放在心上,不再在乎,逆来顺受,一门心思,多做少说,实实在在地工作,日子久了,似乎总编也对阿杰的坏印象谈了许多,忘记阿杰曾经得罪过他了,有时也分些重大的采访任务给他。

因为阿杰一心扑在业务上，功夫不负有心人，阿杰的一些采访报道在社会上反响很大，有好几篇还获得了国家级奖励，为报社挣得荣誉，总编也不再处处"刁难"他了，分派任务时首先就想到了阿杰。有时还关心地问阿杰有没有什么问题。年末的时候，总编还特意请阿杰吃了一次饭，席间，总编对阿杰的工作给予了充分的肯定，而后，总编还搂着阿杰的肩膀说要和阿杰做朋友。那刻，阿杰的心灿烂地笑了，笑得很美。

　　也许，阿杰再怎样讨好总编也不能换来他的好印象，但是，他靠着自己的打拼改变了总编对自己的看法。可见，只有依靠自己的实力去赌一把，结果才会来得实在，相信你自己比相信别人要强一百倍！

　　一位伟人说过："人生下来就是要吃苦的，受苦的人没有喊冤的权利。"人生就是这样，你存在了，就要奋斗，否则生活就会把你打垮，如果你不服输，就应该拼出你的实力去赌一把，只有这样你才能走出平庸的境地。

从平庸到优秀只有一步之遥

　　从平庸到优秀只有一步之遥，但有的人终其一生也无法跨越。只有当你选择了追求如何优秀，你才能接下来做到如何卓越。有了尽最大的努力把事情做好的志向，不断对自己提出严格的高标准，你就会赢得别人的尊敬，做出令人吃惊的成绩。

　　不管从事哪种职业，你都应该尽心尽责，尽自己的最大努力，求得不断的进步。换句话说，尽善尽美应该成为我们孜孜以求的目标，在人生的各个方面体现出来。无论从事什么职业，都应做得尽善尽美。

世界球王贝利在 20 多年的足球生涯里，参加过 1364 场比赛，共踢进 1282 个球。并创造了一个队员在一场比赛中射进 8 个球的纪录。他超凡的技艺不仅令万千观众心醉，而且常使球场上的对手拍手称绝。他不仅球艺高超，而且谈吐不凡。当他个人进球纪录满 1000 个时，有人问他："您哪个球踢得最好？"贝利笑了，意味深长地说："下一个。"他的回答含蓄幽默，耐人寻味，像他的球艺一样精彩。

尚可的工作表现人人都可以做到，只有不满足于平庸，才能追求最好，你才能成为不可或缺的人物。没有人可以做到完美无缺，但是，当你不断增强自己的力量、不断提升自己的时候，你对自己要求的标准会越来越高，这本身就是一种收获。

你随便去问哪一位雇主，他们都会告诉你，如果他要提拔一名员工，他肯定会挑选做事认真、迅速、周到的人。他们绝不会看中那些拖拉懒散的人。人类的历史，充满了因为苟且与不小心而所造成的种种悲剧。失败的最大祸根，就是从小养成敷衍了事的习惯，而成功的最好方法，就是把任何事情都做得精益求精、尽善尽美，让自己经手的每一件事，都贴上"卓越"的标签。

追求卓越像是一块坚强厚重的磨石，它会砥砺你，把你的工作带到最完美的境界。也许十全十美永远难以企及，但是，只要你是在不停地追求，你就不会在原来的起点原地踏步。超越平庸，接近完美。这是一句值得每个人铭记一生的格言。有无数人因为养成了轻视工作、马马虎虎的习惯，以及对手头工作敷衍了事的态度，终致一生处于社会底层，不能出类拔萃。

只有不断追求才不会平庸

没有人会甘于平庸，每个人都应追求卓越。然而，许多人都在迷惘，因为他们不知道怎样才能从平凡处抵达卓越的彼岸。其实方法很简单，那就是不断地发现自己在思维、态度、方法、习惯以及性格等方面的缺陷，并且及时地改变这些不足，从而乘风破浪，不断地超越自己。

被人们称颂为"力学之父"的牛顿发现了万有引力定律，在热学上，他确定了冷却定律。在数学上，他提出了"流数法"，建立了二项定理和莱布尼茨几乎同时创立了微积分学，开辟了数学上的一个新纪元。他是一位有多方面成就的伟大科学家，然而他非常谦逊。对于自己的成功，他谦虚地说："如果说我的见地比笛卡尔要更深远一点，那是因为我站在巨人的肩上的缘故。"他还对人说："我只像一个海滨玩耍的小孩子，有时很高兴地拾着一颗光滑美丽的石子儿，真理的大海还是没有发现。"

在成功的道路上要有永不满足的心态。一个阶段的成功要更好地推动下一个阶段的成功。每当实现了一个近期目标，绝不要自满，而是应该挑战新的目标，争取新的成功。要把原来的成功当成是新的成功的起点，要有一种归零的心态，这样才会永远有

新的目标，才能不断攀登新的高峰，才能享受到成功者无穷无尽的乐趣。

日本直销天王中岛薰说过："我向来认为自己最大的敌人就是满足，一次新的成功永远只是一个新的起点，而不是终点。"百万富翁想当千万富翁，千万富翁相当亿万富翁，亿万富翁想角逐《财富》排行榜。一个越成功的人，对成功的欲望越大。成功是一种行为习惯，一种思维习惯，一个成功的人只有不断地追求成功，所以他才成功。

不满足于平庸，才能追求最好

对于人类来讲，知足常乐虽然有一定的道理，但却很容易囿于保守，缺乏进取精神。如今，社会的一切进步都来自于人类的不知足。如果人们都满足于现状，油灯就不会被电灯代替，折扇也不会被电扇代替，更不会出现汽车，生活得不到改善，社会将停滞不前，快乐从何而来？可见，正是有了不知足的精神，才促进了科技的进步，促进了社会财富的日益积累，促进了人类文明的不断飞跃。

如果你是一个渴望得到重用的人，如果你希望让你的老板觉得你是不可取代的，一定要从内心决定做第一。这样你才有信心做到完美，你的个性也才会真正成熟起来。那些自甘沉沦、不追求卓越、懒得提高自己能力的人是不会有所进步的。而如果你的工作水平没有提高和进步，你就绝不会得到任何升职和奖励的机会。

对于人生的奋斗目标，则更需要不知足的精神。高尔基说过："一个人追求的目标越高，他的能力就发展得越快，对社会就越有益。"不知足的精神，是无形的动力，人不知足才能有追求，有追求才能上进，不知足会激发一个人的斗志，让人不断奋斗。太容易满足只会让人甘于现状而不懂发奋。所以说，不知足才更符合一个社会的发展，要进步就一定要学会不知足。

兰迪·劳伦斯现在是一家公司的老板，但他以前只是一名推销员。他奋起的源泉是他在一本书上看到的一句话：每个人都拥有超出自己想象力十倍以上的力量。在这句话的激励之下，他反省自己的工作方式和态度，发现自己错过了许多可以和顾客成交的机会。于是，他制定了严格的行动计划，并付诸实践到每一天的工作当中。两个月后，他回过头看看自己的进展，发现业绩已经增加了两倍。数年以后，他已经拥有了自己的公司，在更大的舞台上检验着这句话。

尚可的工作表现人人都可以做到，只有不满足于平庸，才能追求最好，才能成为不可或缺的人物。没有人可以做到完美无缺，但是，当你不断地增强自己的力量、不断提升自己的时候，你对自己要求的标准会越来越高，这本身就是一种收获。齐白石到93岁才画了600幅画，歌德到80岁的时候才写出世界名著，的确，进取是没有止境的，我们永远不要满足于已经得到的，而需要不断地开拓新的领域。

把理想变成了行动

　　希望和欲念是卓越者成功不竭的原因所在。无论在什么境况中，他们都有继续向前的信心和勇气，生命的生动在于他们永远不放弃。谁能接受挑战，谁就能取得胜利。而这些胜利在那些没有希望和欲念的人看来，是不可能取得的。敢于接受挑战的勇气和"只要最好"的精神，可以帮助人们征服整个世界。

　　20世纪30年代，在英国一个不出名的小镇里，有一个叫玛格丽特的小姑娘，自小就受到严格的家庭教育。父亲从小就给她灌输这样的理念：无论做什么事情都要力争一流，只要最好的。即使是坐公共汽车，你也要永远坐在前排。玛格丽特在她父亲的"无情"教育下，从来不敢说"我不能""太难了"之类的语言，这样的要求对于一个小姑娘来讲可能太高了，太难做到了，但后来的事情证明父亲是正确的。正因为从小就受到父亲的"残酷"教育，才培养了玛格丽特积极向上的决心和信心。在以后的学习、生活或工作中，她时时牢记父亲的教导，总是抱着一往无前的精神和必胜的信念，尽自己最大努力做好每一件事情，事事必争一流，以自己的行动实践"只要最好"的目标。

　　玛格丽特在上大学时，学校要求学五年的拉丁文课程，她凭着自己顽强的毅力和拼搏精神，在一年内就全部学完了。令人难以置信的是，她的考试成绩竟然名列前茅。其实，玛格丽特不仅在学业上出类拔萃，她在体育、音乐以及学校的其他活动方面也都一直走在前列，是学生中凤毛麟角的佼佼者。当年她所在学校的校长评价她说："她无疑是我们建校以来最优秀的学生，她总是雄心勃勃，每件事情都做得很出色。"

正因为如此，几十年以后，玛格丽特成为了世界政坛上一颗耀眼的明星，她就是保守党领袖，并于 1979 年成为英国第一位女首相、雄踞政坛长达 11 年之久、被世界政坛誉为"铁娘子"的玛格丽特·撒切尔夫人。

在这个世界上，想要最好的人不少，真正能够做到最好人的却不多。大多数人之所以不能拿到最好的，是因为他们把最好的仅仅当成一种人生理想，而没有采取具体行动。那些最终得到最好的人之所以成功，是因为他们不但有理想，更重要的是他们把理想变成了行动。

只接受最好的，是一种积极的人生态度，激发你一往无前的勇气和争创一流的精神。只接受最好的，更是一种追求、一种信念、一种无畏、一种越过冷漠荒原后，看到生命绿洲的快乐。因为挑战，任何一条路都有可能；因为挑战，你的潜能会被无限激发，你会惊喜地发现自己是如此优秀。

果断行动能叩开成功的大门

"机会不会再度来叩你的门。"徘徊观望是成功的大敌，许多人都因为对已经来到面前的机会没有信心，而在犹豫之间把它轻轻放过了。"机会难再"，即使它肯再光临你的门前，但假如你仍没有改掉徘徊瞻顾的毛病的话，它还会照样溜走。

1850年，大批淘金者来到美国旧金山淘金，到处是熙熙攘攘、川流不息的人群。这些人大都衣衫褴褛，蓬头垢面，一副疲于奔命的样子。他们尽管种族不同、语言各异，但是满脑子里都在做着一个共同的美梦：淘金发财。

在这支庞大的淘金队伍中，有个年轻的小伙子叫李维特·施特劳斯，他跟着两位哥哥远渡重洋也赶到了美国来"发财"。然而现实并非李维特想象那样：来这里淘金的人多如牛毛，淘金不是一件好做的事情！李维特盘算着，做生意或许比淘金更容易赚钱。于是他就开了一间卖日用品的小铺子。

在异国他乡要开好这个小店，李维特得向当地的美国商人学习做生意的窍门，还得学习他们的语言。没过多久，他就成为一个地道的小商贩了。

一天，有位来小店的淘金工人对李维特说："你的帆布很适合我们用。如果你用帆布做成裤子，更适合我们淘金工人用。我忙现在穿的工装裤都是棉布做的，很快就磨破了。用帆布做成裤子一定很结实，又耐磨，又耐穿……"

一句话就把李维特点醒了，他连忙取出一块帆布，领着这位淘金工人来到了裁缝店，让裁缝用帆布为这个工人赶制了一条短裤——这就是世界上第一条帆布工装裤。

就是这种工装裤后来演变成了一种世界性的服装——牛仔裤。那位矿工拿着帆布短裤高高兴兴地走了。

李维特看到了机遇并付诸行动：立即改做帆布工装裤！

帆布短裤一生产出来，就受到那些淘金工人的热烈欢迎！这种裤子的特点是坚固、耐久、穿着舒适……

大量的订货单雪片似的飞来，李维特一举成名。

1853 年，李维特成立了"李维特帆布工装裤公司"，大批量生产帆布工装裤，专以淘金者和牛仔为销售对象。

顾客的要求就像上帝的旨意，李维特对此是心知肚明的。从帆布工装裤上市的第一天起，他就没有停止过对自己产品的思考，哪怕是产品处于供不应求的状况。

他不断从生活中发现问题，产生更新的创意。他亲自到淘金现场，细心观察矿工的生活和工作特点，想方设法使自己的产品更能满足顾客的需求。为了让矿工免受蚊叮虫咬，他将短裤改为长裤，为了便于矿工把样品矿石放进裤袋时不会裂开，他将原来的线缝改为用金属扣钉，为了让矿工们更方便装东西，他又在裤子的不同部位多加两个口袋等。

通过不断改进和提高，李维特的裤子越来越得到矿工的欢迎，生意也因此更加兴隆了。

后来，李维特发现，法国生产的哔叽布具有与帆布同等耐磨力，但是比帆布柔软多了，并且更美观大方，于是他决定用这种新式面料替代帆布。不久，他又将这种裤子改缝得较紧身些，使人穿上显得挺拔洒脱。这一系列的改进，使矿工们更加欢迎。经过不断革新改进，牛仔裤的特有样式形成了，"李维特裤"的称呼也渐渐改为"牛仔裤"这个独具魅力的名称。

李维特的成功，正在于他发现机遇并为此付诸了行动，从而掘到人生的第一桶金。因此，当你有一个好的计划时先开始做，只有在做的过程中才能发现问题，才能根据出现的问题解决问题，

才能把梦想最终变为现实。当你的决心燃起心灵冲动的火花时，你就要想尽一切办法去实现你的愿望，而一旦你的梦想变为事实时，你的自信心会增强，又会促使你在下一次行动时更得心应手，这样就形成了良性循环。

一个人，假如你具备了知识、技巧、能力、良好的态度与成功的方法，懂得的知识比任何人都多，但你也可能不会成功。因为你还必须要行动，一百个知识点不如一个行动。假如你终于行动了，也可能还不一定会成功，因为太慢了。在现代社会，行动慢就等于没有行动。你只有快速行动，立刻去做，比你的竞争对手更早一步知道、做到，你才有成功的先机。

人生总是有好多的机会到来，但总是稍纵即逝。当时我们不把它抓住，以后就永远失掉了。有计划没有什么了不起，能快速执行定下的计划才算可贵。成功的人生需要持续不断地向自己发出闪电般的挑战，恒久追寻生命最为壮丽的美好未来。成功的重要秘诀，就是用最短的时间采取最大量、最有效的行动。

成大事都有坚定不移的行动

许多人总是等到自己有了一种积极的感受再去付诸行动，这些人其实是本末倒置，积极行动会导致积极思维，而积极思维会导致积极的人生心态，心态是紧跟行动的，你的内心怎样想，你就会采取怎样的行动，也就会产生怎样的结果。

成大事者皆有志，成大事者更具有坚定不渝的行动。马克思曾说："只有行动才会产生最后的结果。任何伟大的目标、伟大的计划，最终必然会落实在行动上。"拿破仑也曾说："想得好是聪明，计划得好更聪明，做得好是最聪明又最好。"人生活在现实中，只有不畏劳苦地沿着陡峭山路攀登的人，才有希望到达光辉的顶点。只有行动起来，才能达到理想的彼岸，才能登上成功的列车。

贝尔在试制电话机时，感到有些问题还没有把握，便去向著名物理学家约瑟·亨利请教。贝尔谈了自己的设想，然后恳切地问："先生有何见教？""干吧！"亨利回答说。贝尔不安地说："可是，先生，我对电的知识知道得很少呀。""学吧！"亨利又简短地回答。电话机试制成功后，贝尔激动地说："如果不是亨利先生的这两个词的鼓励，我是不可能发明电话机的啊！"

当年，迪斯尼为了实现他心中的梦想，不断地呼吁去建造一个乐园，可是当时有非常多的人反对他，有的人担心会对环境产生影响；有的人担心他的资金有问题；有的人甚至怀疑他的头脑有问题；有的人说政府不会批那么大的一片地，可是迪斯尼不断地去想各种各样的方法：资金方面有问题，他跑了143次银行。他积极地寻求各方面资源的支持，最后，他梦想中的乐园——迪斯尼乐园，终于在美国开始兴建；到现在，被复制到世界各地。

人人都能下决心做大事，但只有少数人能够立即去执行他的计划，也。只有这少数人才是最后的成功者。有不少这样的人，他们并非不知道行动的重要，但迟迟不愿行动，结果又产生负疚感，造成意志瘫痪。很多情况下，人们与其说是因为恐惧而不去

行动，不如说是因为不去行动而导致恐惧。许多事情的难度都由于我们的犹豫和摇摆加大了。

人生就是如此，只要你迈步，路就会在脚下延伸。只有启程，我们才会向理想的目标靠近。无论你的梦想和目标是什么，这些都只是你成功的开始，更主要的是立即开始行动，从而实实在在地看到成功的希望。这一点被许多人所忽略，其结果都是以失败告终。洛克菲勒说："不管一个人的野心有多大，他至少要先迈出第一步，才能到达高峰。"一旦起步，继续前进就不太困难了。工作越是困难或不愉快，越要立刻去做，坚持每天迈步向前，日积月累，慢慢就能达到目标。

任何一个愿望和梦想都有实现的可能，只是任何一种理想的实现都依赖于你的实际行动和你艰辛的劳动。虽然行动并不一定能带来令人满意的效果，但不采取行动是绝无满意的结果可言的。机遇和成功之间不是等号，要将机遇转化为成功，需要的是去做、去做、再去做！

主动地适应情况的变化

不要再只是被动地等待别人告诉你应该做什么，而是应该主动去了解自己要做什么，并且规划它们，然后全力以赴地去完成。想想今天世界上最成功的那些人，有几个是唯唯诺诺、等人吩咐的人呢？

许多人被成功拒之门外，并不是成功遥不可及，而是他们不能发现自己，他们主动放弃，认定自己不会成功。事实上，只要你每天限定自己一定要超越自我一小步，成功便会如约而至地出现在你眼前。成大事的人就是如此。要获得卓越的成就，你就应该主动追求。思想积极了，你才会摒弃懒散的习性。你必须让潜意识充满积极的想法，无论任何状况，你都要超越自我。

卡耐基曾经说："只要你向前走，不必怕什么，你就能发现自己，成功一定是你的！"一个有积极态度的人，不会只停留在已有的条件或已有的成绩上，他总是不停地开拓，不停地创造。世界是变化的，社会是发展的，我们不能被动地守着原有的东西，而应该主动地适应着这种变化，不断地创新，不断地前进。谁有这种主动创新的积极态度，谁就能不断地排除困难，不断地获得成功。

钢铁大王安德鲁·卡耐基19岁的时候在宾夕法尼亚铁路公司做电报员，一次偶然的机会，卡耐基处理了一件意外事件，使他得到提升。

当时的铁路是单线的，管理系统尚处于初级阶段，用电报发指令只是一种应急手段，有很大的风险，只有主管才有权力用电报给列车发指令。斯考特先生经常要在晚上去故障或事故现场，指挥疏通铁路线，因此，许多时候他都无法按时来办公室。一天上午，卡耐基到办公室后，得知东部发生了一起严重事故，耽误了向西开的客车，而向东的客车则由信号员一段一段地引领前进，两个方向的货车都停了。到处都找不到斯考特先生，卡耐基终于忍不住了，发出了"行车指令"。他知道，一旦他的指令错误，就意味着解雇和耻辱，也许还有刑事处罚。卡耐基在（自传）中

写道："然而我能让一切都运转起来，我知道我行。平时我在记录斯考特先生的命令时，不都干过吗？我知道要做什么，我开始做了。我用他的名义发出指令，将每一列车都发了出去，特别小心，坐在机器旁关注每一个信号，把列车从一个站调到另一个站。当斯考特先生到达办公室时，一切都已顺利运转了。他已经听说列车延误了，第一句话就是：'事情怎样了？'"

当斯考特先生详细检查了情况后，从那天起，他就很少亲自给列车发指令了。不久公司总裁汤姆逊先生来视察，见到卡耐基便叫出他的名字，原来总裁已经听说了他那次指挥列车的冒险事迹。

不同的行动就会产生不同的结果，从结果中又可带出新的行动，把我们带向特定的方向，最后就决定了我们的人生。这就是何以少数人能从芸芸众生中脱颖而出的原因，他们不但有行动，并且有不同于一般人的主动。

在竞争中快速提高自己的能力

古人有"并逐曰竞，对辩曰争"的说法，意思是说：你追我赶，互相辩论，就叫作竞争。人若不参加竞争，就不够紧张，不够活跃，内心深处的热情就调动不起来，你自己的潜能就发挥不出来。可见，我国古人对于竞争及其作用，已经有了相当的了解。

实际上，在我们的生活、工作以及从事的各项活动中，都存在着各种形式的竞争。谁的工作业绩最突出？谁的演说口才最好？谁的动手能力最强？甚至谁经常受到单位领导的表扬，都可能形成无形的竞争，因此，我们在生活和工作中应当自觉培养自己的竞争意识和竞争精神。但在有些人的意识里，总是以为竞争是残酷和血腥的，所以，他们只提倡团结合作，而不提倡竞争。其实，列宁就是竞赛和竞争的倡导者，他认为竞赛和竞争可以"在相当广阔的范围内培植进取心、毅力和大胆首创精神"。

一个人在平等的竞争中，能够充分发挥自己的聪明才智，能够极大地发扬自己的创新精神和奋斗精神。因此，竞争可以成为催人上进的有效动力。在心理学中，竞争被视为能激发一个人自我提高的一种动机和形式。

在非洲的大草原上，生活着一群羚羊和一群狮子。每天清晨，羚羊枕着露水从睡梦中睁开双眼时，它想到的第一件事就是，今天我必须比跑得最快的那只狮子还要快，否则我就会变成狮子嘴中的美餐。而狮子醒来后也同时在想，我今天要不想饿肚子，就必须比跑得最慢的羚羊更快。在这片广袤无垠的大草原上，于是，几乎是同时，羚羊和狮子一跃而起，迎着朝阳跑去。

动物界如此，我们人类又何尝不是这样呢？在机遇和挑战面前人人平等，如果自己不主动去竞争、去抗争，迟早也会和跑得慢的羚羊一样，被别人排挤，甚至被别人"吃掉"。竞争有如抢滩登陆，这个时候你没有退路，要有置之死地而后生的气概。后退，是江洋大海，生还的希望是没有的；前进，道路崎岖，甚至没有道路。崎岖的道路，你得踏平它；没有道路，就开辟一条。这样等待你的就是成功的喜悦和收获的满足。

现实是残酷的，在人生的竞赛场上，冠军只有一个。成功者

的背后，总有一些人被击垮、倒下。要想不倒下，你就得抓住、抢占每一个机遇，击垮所谓的对手。机遇之花在竞争之中盛开。当你面对一次竞争，你就获得了一次可贵的机遇。失败了，你可以积累经验，从头再来；成功了，你的信心会更加强盛，你会感受成功到来的喜悦。这样的事情为什么你要拒绝呢？

一种动物如果没有对手，就会变得死气沉沉。同样，一个人如果没有对手，那他就会甘于平庸，养成惰性，最终碌碌无为。一个群体如果没有对手，就会因为相互的依赖而丧失活力、丧失生机。一个行业如果没有了对手，就会丧失进取的意志，就会因安于现状而逐步走向衰亡。有了对手，才会有危机感，才会有竞争力。有了对手，你便不得不奋发图强，不得不革故鼎新，不得不锐意进取，否则，就只有等着被吞并、被替代、被淘汰。

按照达尔文生物进化论的观点，在自然界中，到处都存在着一种竞争的法则，在这种竞争法则的作用下，这个世界才显得生机勃勃。如果一个物种失去了竞争的环境，这一物种就会失去活力，死气沉沉而陷入灭种的边缘。

在动物界，狼是一种非常聪明的动物，如果让单个狗与单个狼搏斗，败北的肯定是狗。虽然狗与狼是近亲，它们的体型也难分伯仲，但为什么败北的总是狗呢？有人曾就这个问题仔细地对狗与狼进行研究。结果发现，经人类长期豢养的狗，因为不需面临生存的危机，狗的脑容量大大小于狼，而生长在野外的狼，为了生存，它们的大脑被很好地开发，不但非常有创造性，而且有着异乎寻常的生存智慧。

在现实生活中，竞争意识比较强的人，勇于投入竞争，积极从事各项具有竞争性质的活动，竞争对于这种人的激励作用往往比较大，它可以进一步促使一个人确立目标和志向，增强自身的活力和动力，缩小自己能力与目标之间的差距。相反，一个竞争意识比较弱的人，或者是一个害怕竞争的人，往往会把竞争中一时的胜负看得过重，不容易理解"胜败乃兵家常事"的道理，更缺乏把失败看做成功的先导的胸怀，一旦遇到挫折，就想从该项活动中退出去。

许多人都把对手视为是心腹大患，是异己，是眼中钉，肉中刺，置之死地而后快。其实只要反过来仔细一想，便会发现拥有一个强劲的对手，反倒是一种福分，一种造化。因为一个强劲的对手，会让你时刻有种危机四伏的感觉，它会激发起你更加旺盛的精神和斗志。

事物的法则，永远是用进废退。这是颠扑不破的真理。一个人，要想在异常激烈的社会竞争中不被淘汰，还是有一点生存危机的好。在生活和工作当中出现竞争对手并不是一件坏事情，相反，倒是一件好事，因为他能使你充满活力而富有朝气。

但是，有了竞争对手后，我们还应当树立正确的竞争观念，把对手当做生活的一面镜子，从尊重和欣赏的角度出发，学习对方的长处。在竞争中，不断完善自我，弥补自己的不足，促进自己的发展，这样才能挖掘自己的潜力，踏上成功的道路。

第六章　敢于行动的人不会平庸

养成迅速决断的习惯

不要把一件事情放到明天，从现在就积极地行动起来。努力地尝试做出果断的决定，强迫自己来实行。不管你面对的事情多么复杂，都不要有任何的犹豫。在你决定某一件事情之前，你应该对各方面的情况有所了解，你应该运用全部的常识和理智慎重地思考，给自己充分的时间去想问题。你一旦做好了心理准备，就要果断决定，一经决定，就不要轻易反悔。

如果发现好的机会，你就必须抓紧时间，马上采取行动，才不致贻误时机。不要对一个问题不停地思考，一会儿想到这一方面，一会儿又想到那一方面。你该把你的决定，作为最后不变的决定。这种迅速决断的习惯养成以后，你便能产生一种相信自己的信心。如果犹豫、观望而不敢作出决定，机会就会悄然流逝，你就会后悔莫及。

华裔计算机名人王安博士说，影响他一生的事发生在他 6 岁之时。一天，他外出玩耍，经过一棵大树时，突然有一个鸟巢掉在他的头上，里面滚出了一只嗷嗷待哺的小麻雀。他决定把它带回去喂养，便连同鸟巢一起带回了家。走到家门口，忽然想起妈妈不允许他在家里养小动物。他轻轻地把小麻雀放在门后，急忙走进屋去请求妈妈，在他的哀求下，妈妈破例答应了儿子。随后，王安兴奋地跑到门后，不料小麻雀已经不见了，一只黑猫在意犹未尽地擦拭着嘴巴。王安为此伤心了很久。从此，他吸取了一个很大的教训：只要是自己认定的事情，绝不可优柔寡断。犹豫不决固然可以免去一些做错事的机会，但也失去了成功的机遇。

在生活中不论要干什么，都要把握住适当的分寸和尺度，所谓"该出手时就出手"。一旦错过了最好的时机，你可能会一无所得。在两难的抉择中，敢于决断是一个人成功的关键。假如我们面对选择时犹豫不决，无法果断地作出决定，将会一事无成，甚至有可能还会埋下祸根，为自己带来一连串的失败的打击。然而，在实际工作中，并不是每一个人都有果断地做出决断的勇气。有些人往往优柔寡断，患得患失，瞻前顾后，结果错失良机，甚至给自己造成很大的损失。

犹豫不决的人可以说是世界上最可怜的人，也是最容易失败的人。威廉·惠德说：如果一个人面对着两件事情犹豫不决，不知该先去做哪一件事好，那么他最终将一事无成。他非但不会有什么进步，反而会后退。唯有那些具有如恺撒一般的特性——先聪明地斟酌，再果断地决定，然后坚定不移地去行动的人，才能在任何事业上，都做出卓越的成绩来。

当然，这种在两难中做出选择的勇气，必须以敏锐的洞察力为基础。如果没有经过思考，没有看清问题，就盲目地作出决断，不但无助于成功，相反却可能会使你损失惨重。要知道，没有经过慎重思考，盲目决定的勇气只是匹夫之勇。

俗话说："双鸟在林，不如一鸟在手。"你若想成为一名非同凡响的角色，你就必须学会在两难的选择中，敢于决断，敢于行动。

有目标更要有行动

莎士比亚曾说："聪明人会抓住每一次机会，更聪明的人会不断创造新机会。"这句话的意思是说我们对待机会要采取主动的态度，甚至要用我们的行动增加机会出现的可能性。著名剧作家萧伯纳说过一句非常富有哲理的话："征服世界的将是这样一些人：开始的时候，他们试图找到梦想中的东西。最终，当他们无法找到的时候，就亲手创造了它。"真正的成功者不但要善于把握机会，更要善于创造机会。

其实，在主动进取的人面前，机会是完全可以"创造"的。新中国石油战线的"铁人"王进喜有一句名言："有条件要上，没有条件创造条件也要上。"创造条件就是创造机会。如果你想要成就某种事业而又不具备相应的条件，你就没有机会，而当你通过努力使自己具备了这些条件，就为自己创造了机会。努力提高自身的能力和水平，增强自身的优势，就会使自己面临更多的机会，对于一个人和一个企业都是如此。

我国著名导演张艺谋在成为大导演之前可谓历经坎坷曲折，但他以进攻的姿态为自己创造了一次次机遇。1978年，北京电影学院在"文革"后首次招生，按他的家庭情况，他是难过"政审"关的。但他用自己几年来的摄影作品"开路"，给素昧平生的文化部长黄镇写了一封恳切真诚的信，并附上自己的作品。颇通艺术的部长有强烈的爱才之心，派秘书去电影学院力荐张艺谋，他才被破格录取。尽管在校表现优秀，但命运仍然对他不公，毕业后，他被分配到广西电影制片厂这个小厂。但他并没有因处境不佳而自我埋没，外部条件不好，厂小、人少、设备差、技术力量薄弱，这些都是不利的因素，但这里也有大厂所不具备的条件，那就是科班毕业生少，名导演、名摄影师少，因而论资排辈的做法不像大厂那么突出。张艺谋主动请缨，挑起大梁，以卓越的摄影才能，一炮打响，荣获"中国电影优秀摄影奖"。

做个主动的人，要勇于实践，做个真正做事的人，不要做个不做事的人。创意本身不能带来成功，只有付诸实施时创意才有价值。用行动来克服恐惧，同时增强你的自信。怕什么就去做什么，你的恐惧自然会立刻消失。自己激发内在的精神，不要坐等精神来推动你去做事。主动一点，自然会精神百倍。

时时想到"现在""明天""将来"之类的句子跟"永远不可能做到"意义相同，要变成"我现在就去做"。立刻开始工作，态度要主动积极，要自告奋勇去改善现状。要主动承担义务工作，向大家证明你有成功的能力与雄心。

有了目标，没有行动，一切都会与原来的目标背道而驰。有了积极的人生态度，没有立即行动，一切都极有可能转向成功的反面。所以说，主动是一切成功的创造者。赫胥黎的名言："人生伟业的建立，不在能知，乃在能行。"并且不惮其烦地强调"行"乃是扭转人生最有力的武器。

心态影响思想，思想影响行为

只接受最好的，这不仅仅是一句口号，更是成功者脱颖而出的诀窍。常言道，思想是行动的指南，思想有多远，路就能走多远。成功者最初也是从一个小小的"最好"信念开始的，信念是所有奇迹的萌发点。没有"最好"的思想，又怎能得到"最好"呢？要知道，一个人一旦满足于自己目前获得的成就，便失去了继续前进的动力，不再追求更高的目标。而在这个竞争日趋激烈的社会，一旦你停止前进，便会被别人所赶超。不前进便意味着后退，就可能被无情地淘汰。

成功者永远有超出众人之外的、敢于只要最好的心态。在成功之前，懂得必须以高于普通人的眼光来看待自己，否则自己永远都是一个弱者。在他们身上所体现出来的这种"只要最好"的精神，是一个人不断进取的标志，它不允许人懈怠，它召唤每个人向更高层次的方向去努力、去进取。它告诉人们，如果你认为自己只具有鞋匠的天赋，你也应该争取做世界上首屈一指的制鞋大王。不想做得更好，就会做得更差。

英国新闻界的风云人物，伦敦《泰晤士报》的老板来斯乐辅爵士，在刚进入该报时，就不满足于九十英镑周薪的待遇。经过不懈努力，当《每日邮报》已为他所拥有的时候，他又把取得《泰晤士报》作为自己的努力方向，最后他终于猎狩到他的目标。

来斯乐辅爵士一直看不起平生无大志的人，他曾对一个服务刚满三个月的助理编辑说："你满意你现在的职位吗？你满足你现在每周五十英镑的周薪金吗？"当那位职员答复已觉得满意的时候，他马上把他开除，并很失望地说："你应了解，我不希望我的手下对每周五十英镑的薪金就感到满足，并为此放弃自己的追求。"

失败的人有失败的心态，成功的人有成功的心态，心态影响思想，思想影响行为，这是一连串的因果效应。求最好，自然也要有强烈的渴求心态，要最好就要先想最好，连想最好的心态都没有，是不可能成为优秀的人的。

大多数人之所以没有大的成就，就是因为他们太容易满足而不求进取，他们一生只会盲目地工作，挣取足够温饱的薪金。他们心里常这样想："我现在的生活充满喜悦和满足，以后要怎么做才能维持目前的这种状态呢？"这些人对现状心满意足，一心一意想要继续维持下去。然而，"要维持现状"这种观念是采取"守"的态度，终究只是一种消极的态度，没有积极向前的动力，成长便会停顿。

但是，大多数的成功者，就绝不是这样，他们会尽力寻求对自己现状不满足的地方，以发现自己的缺点，并加以改进。不满足，是进步的先决条件，不满足才能锐意进取，时时要求更好，时时努力超越自己。

要知道，山外有山，天外有天。在 21 世纪，竞争没有疆界，你应该开放思维，站在一个更高的起点，给自己设定一个更具挑战的标准，才会有准确的努力方向和广阔的前景。"只接受最好的"如同成功道路上的一盏明灯，让人们永远向着光明的前方奋进。

正确地决策，果断地行事

生活中处处充满机遇，社会上的每一项活动、人际中的每一次交往、工作中的每一次得失等，都可能是一次选择、一次机遇、一次引导你冲破人生难关的契机。而问题在于你自身的素质，在于你是否能发现并抓住每一次机遇。

一个人在做事之前，首先应该保持头脑冷静，对自己想做的事情要有一个正确的判断。盲目行事，是导致许多人失败的一个重要原因。而那些最终能够突破人生的难关，赢得成功的人，大多都有着一个共性：能够在正确的决策之下，勇敢果断地行事。

机不可失，时不再来，这是一个人所共知而又十分深刻的道理。在许多情况下，机遇不允许有更多的时间让你来左顾右盼，而且必须由你自己来拿定主意。你如果任由自己养成要别人替你拿主意的坏习惯，那么在关键时刻，特别是处在"时不再来"的时候，你往往就不会有自己的决断。因此，平时不要受别人的影响，应坚持自己的看法，用自己的头脑做决定。

对于每一个人来说，犹豫不决、优柔寡断是成功路上的一个非常阴险的对手，因此，在它还没有伤害你、破坏你、限制你一生的机会之前，你就要把这一仇敌置于死地。一个人如果没有果断决策的能力，那么他的一生，就像浩瀚大海中的一叶孤舟，只能永远漂流在狂风暴雨的汪洋大海里，永远达不到成功的彼岸。

一位富翁家的狗在散步时跑丢了，于是富翁就在当地报纸上发了一则启事：有狗丢失，归还者，付酬金 1 万元。并有小狗的一张彩照充满大半个版面。

一位沿街流浪的乞丐在报摊看到了这则启事，他立即跑回他住的窑洞，因为前天他在公园的躺椅上打盹时捡到了一只狗，现在这只狗就在他住的那个窑洞里拴着。他回去一看，果然是富翁家的狗，乞丐第二天一大早就抱着狗出了门，准备去领 1 万元酬金。当他经过一个小报摊的时候，无意中又看到了那则启事，不过赏金已变成 2 万元。乞丐又返回他的窑洞，把狗重新拴在那儿，第四天，悬赏额果然又涨了。

在接下来的几天时间里，乞丐天天浏览当地报纸的广告栏，当酬金涨到使全城的市民都感到惊讶时，乞丐返回他的窑洞。可是那只狗已经死了，因为这只狗在富翁家吃的都是鲜牛奶和烧牛肉，对这位乞丐从垃圾筒里拣来的东西根本不吃。

其实，机会无时无刻不在，每一个新时代都会造就一批富翁，而每一个富翁的产生都是当别人不明白时，他明白自己该做什么；当别人不理解时，他理解自己在做什么。所以，当别人明白时，他已经成功了；当别人理解时，他已经富有了。或许有人会说，当初我要是做，一定会比他们赚得更多。不错，你的能力或许比他们强，你的资金或许比他们多，你的经验或许比他们丰富，可就是因为你的一念之差，决定了当初你不会去做，你的犹豫决定了你在若干年后的今天依旧贫穷。

走在人先，赢在人前

生活中总有一些人多年来只是踱步在传统而保守的道路上，尽管他们年轻时都有着远大的梦想和抱负，却因为因循守旧而与众多机会失之交臂，最终是平庸无能，一事无成。早起的鸟儿有虫吃。卓越的成功者在做每一件事时都要比别人早一步，都要比别人更迅速地掌握未来的动态、信息和走向。要想创大业、建大功，就要处心积虑抢占先机而不落于众人之后，就要使人追随我而不是我去追随人。

总是步别人后尘的人是成不了大器的。如此一来，成功永远属于别人，自己得到的只是残羹冷炙。在某一领域的"领袖"，几乎都是起步比较早的人，他们不一定比别人做得好，但是，因为起步早，他们有更多的机会改正错误。什么事都先人一手就能取胜，等他人追赶的时候，他们又大步向前，拉开了彼此的距离，因而他们会永远处于领先的位置。

竞争如同弈棋，一招失先，则步步落后。那时，需要花费很大努力才能扭转被动局面。一招占先，则步步主动，利于掌握全局。跟在别人后面亦步亦趋是没有出息的，要想做大事、赚大钱，一定要抢在对手之前出新招。

有一天，著名服装设计师马莉正在街上散步，有几位充满青春活力的姑娘正在唧唧喳喳地议论着一款新设计出来的裙子，"这款裙子长了，连老太婆穿也合适，这正好掩盖她们失去弹性的双腿。""太对了，我们修长的腿在这款裙子里面，谁也看不见。""现在的时装设计师太没有创意，也太没有想象力了，怎么没有一个能够替我们这些年轻人着想一下的大师呢？"

"做超短裙，让年轻姑娘大胆地向世人展示修长美丽的大腿！"一个大胆的设计方案在马莉脑海中"蹦"了出来。发现了大的商机。马莉不敢有半点的怠慢。她连夜开工，把能找到的布料都拿出来，边设计边加工，一下推出数十种不同面料的样裙。第二天一大早，她又亲自把样裙拿到店里，摆放在橱窗的最显眼处。"马莉服装店的短裙太迷人了，穿在身上，尽显青春爽朗的气息。"人们奔走相传同一信息，少女们蜂拥而至寻找"马莉超短裙"；工人们加班加点地生产也满足不了巨大的需求。

马莉的成功在于她在灵光一闪时便构思成的新商品。"行动像食物和水一样，能滋润我，使我成功。"马莉如是说。

确实，好的创意是心动，当然要快。有了好的创意，一定要马上付诸行动；时过境迁之后，它就犹如明日黄花再也不值钱了。创业，既然带着一个创字，就意味着要在别人没有走过的地方踩出一条路，在大家都没有瞧到的时候点起一盏灯。要创业就得有个闯劲，这就需要敢拼敢打，不惧别人的非议，不怕众人的冷眼。敢于拼搏，才能在荆棘丛中走出一条新路，才能在崎岖的小道上走向成功。

每个人都有自己的路，不要跟从别人的脚步，做与别人一样的事情，走与别人相同的路：要知道，在这个世界上，没有任何成功者的人生是一样的。当你找到属于自己的路，开始做别人不愿意做的正确的事时，你就踏上了成功的捷径，

勇敢会让你赢得成功

"勇敢"是一个想获得成功的人必不可少的品质。蒙哥马利在他的回忆录中这样说："要取得成就有很多必要条件，其中两条非常重要，那就是苦干和正直。现在得再加上一条：勇气。"很多时候，成功的门都是虚掩着的，勇敢地去叩开成功之门，并大胆地走进去，才能探寻出个究竟来。

一天，某公司总经理向全体员工宣布了一条纪律："谁也不要走进8楼那个没挂门牌的房间。"但是，他没有解释为什么；此后真的没人违反他的这条"禁令"。

三个月后，公司又招聘了一批新员工。在大会上，总经理再次将上述"禁令"予以重申。一个新来的年轻人偏偏来了犟脾气，非要把事情弄个水落石出不可。于是，他决定冒公司之大不韪，走进那个房间探个究竟。这天，他走到8楼，轻轻地叩了叩那扇门，没有反应。年轻人不甘心，进而轻轻一推，虚掩着的门开了。房间里没有任何摆设，只有一张桌子。年轻人看到桌子上放着一个纸牌，上面用毛笔写着几个醒目的大字——"请把此牌送给总经理"。当年轻人自信地把纸牌交到总经理手中时，总经理一脸笑意地宣布了一项让年轻人感到震惊的命令："从现在起，你被任命为销售部经理助理。"

在后来的日子里，那个年轻人果然不负众望，不断开拓进取，把销售部的工作搞得红红火火，并很快被提升为销售部经理。事后，总经理才向众人做了如下解释："这位年轻人不被条条框框所束缚，敢于对上司的话问个'为什么'，并勇于冒着风险走进某些'禁区'，这正是一个富有开拓精神的成功者应具备的良好素质。"

一个人的成功并不在于你取得多大的成就，而在于你是否具有屡败屡战、敢于坚持的勇气。成功者不比普通人更有运气，只是比普通人更能延续最后 5 分钟的勇气。意大利著名记者法拉齐说："人只要有勇气，就没有办不成功的事。"她就是凭着一股勇气，采访了诸多国家的首脑，为人们做出了榜样。

英国 19 世纪女作家乔治·爱略特曾说："犹豫代表了胆怯，意味着害怕失败，而丧失勇气去尝试的同时也失去了唯一一点你可能成功的理由。"在生命的最后瞬间才理解不能犹豫，已经晚矣。人的一生是短暂的，在这短暂的生命中，带着勇气去敲响成功的大门，你就有成功的希望。要做个成功者，对你来说重要的是学会在困难时刻如何坚持前进。为了尽可能地赢得机会，你必须在紧急情况和发生问题时勇敢面对，坚持下来。只要你积极地为克服困难而努力，就会有机会找出新出路的所在，要相信，勇敢出才干。

那些成功的人，即使失败了 100 次，也会有勇气继续向第 101 次发起冲击，只要有一口气，他就会努力去拉住成功的手，除非上天剥夺了他的生命。奋斗者，破产只是一时；而不去奋斗，则必将一生贫穷。只要你没有失去勇气，敢于拼搏，就一定会取得成功。

第六章 敢于行动的人不会平庸

想要的结果都是通过行动得到的

现实中，能使我们为之奋斗的是理想；而实现理想所必需的是行动。正如一位名人所说的："理想是彼岸，现实是此岸，中间隔着湍急的河流，行动就是架在两岸之间的桥梁。"我们所需要的正是一份坚持不懈的信念，这种信念下的坚定的行动，才能使我们一步步接近心中理想的殿堂。

人的一生有太多的等待，在等待中，我们错失了许多的机会，在等待中，我们白白浪费了宝贵的光阴；在等待中，我们由一个英姿勃发的青年，变为碌碌无为的老年人，我们还在等待什么？让今天的事今天就做完，现在要做的事马上就动手，成功属于立即行动的人。比尔·盖茨说："想做的事情，立刻去做！当'立刻去做'从潜意识中浮现时，立即付诸行动。"

一分耕耘，一分收获。你有怎样的付出，就会有怎样的收获，天上不会掉馅饼。如果你不付出艰辛的努力，就想获得成功，那是痴心妄想。你想收获吗？一定要有起码的付出。在这个世界上，你要得到多少，你就得付出多少。要想成功就要把希望放在明天，把计划放在今天，把行动放在现在。克服畏难情绪，毫不犹豫，起而行动，扎扎实实做好每一件事，只有这样，心中的慌乱才会得以平定，才能拼出成功的魔方。下面是著名作家兼战地记者西华·莱德先生的故事：

"当我推掉其他工作，开始写一本书时，心一直定不下，我差点放弃，也就是说几乎不想干了，最后我强迫自己只去想下一个段落怎么写，而非下一页，当然更不是下一章。整整6个月的时间，除了一段一段不停地写以外，什么事情也没做，结果居然写成了。

"几年以后，我接了一件每天写一个广播剧本的差事，到目前为止一共写了2000个剧本。如果当时签一张'写作200个剧本'的合同，我一定会被这个庞大的数目吓倒，甚至把它推掉，好在只是写一个剧本，接着又写另外一个，就这样日积月累，真的写出这么多了。"

任何想要的结果，都是通过行动以后才会得到，你栽下苹果树，你会得到苹果；你种下香蕉树；你会收获香蕉，你什么都没有种，你什么也不会得到。汗水就是行动，行动就是努力。无论在哪个领域，如果不努力去行动，那么终将不可能获得成功。如果不行动、不努力，要想捕捉到任何成果都是不可能的事情。

勇于冒险会让你不再平庸

世界上大多数人不敢冒险，因为这些人的胆子比较小，他们熙来攘往地拥挤在平平安安的大路上，四平八稳地走着这条路，虽然平坦安宁，但距离人生成功的风景线却迂回遥远，永远也领略不到奇异的风情和壮美的景致。他们只能平庸、清淡地过完一辈子，一直到人生的尽头也没有享受到真正成功的快乐和幸福的滋味。

作为青年人，一方面要通过学习和实践不断增长智慧，另一方面还要永远保持冒险精神。自卑自忧、谨小慎微并不是成功者的品质；裹足不前、举棋不定，只能在当今瞬息万变的社会中被淘汰出局。

卡赫利法是沙特阿拉伯著名商业家卡西比的后裔，当他继承其家族企业衣钵时，曾辉煌一时的家族企业已出现了市场萎缩、资金紧张等情况，卡赫利法被逼无奈，只好背水一战了。

卡赫利法天生具有一种"不安分"的商人的性格，他明白，步家庭企业经营道路的后尘，一定行不通，只有适度冒险，才能将败局挽回。

于是，他开始到处寻觅商机。有一次，他看到报纸上有一则沙特阿拉伯驻军需要外地食品的消息，便意识到这是一个千载难逢的良机，必须紧紧抓住。但是，他的家族企业从来没做过进出口食品的生意，这项生意需要大量资金投入，有一定的风险。不过，卡赫利法想：不敢冒风险，就闯不出一条新路来。于是，他以家族企业的固定资产做抵押，向银行借贷了一笔资金，在沙特阿拉伯西部的吉达港将食品进口公司的牌子挂起，大批量购买埃及的食品，然后，转手卖给沙特军方。这块神圣的处女地，终于被卡赫利法抢先一步占领。他的生意逐渐做大，财富也在不断积累。从此，卡赫利法有了本钱，他将生意做大的信心就更坚定了，于是，他又在想如何开拓一块新领域。

有一年，阿拉伯半岛十分炎热，令人难以忍受。卡赫利法又动了一番脑筋：假如开设一家冷冻食品店，一定会有利可图。但是，这种生意从来没人做过，会不会有风险呢？他没有想太多，又投入了一些资金，冒着失败的风险，在美孚石油公司的旁边开设了一家冷冻食品店，出售袋装食品和冷饮。不料，这些商品很受饥渴难忍的顾客欢迎，商品经常供不应求。一些大商人也纷纷来进货，冷冻食品店从此发展了起来。此时，卡赫利法已经成为富甲一方的富翁了。

倘若这样经营下去，凭借卡赫利法的智谋，别人很难取胜。钱，他还是能够赚的。然而，卡赫利法不愿意与后来者在同一条起跑线上竞争，他想刻苦创新，寻找新的起点。经过分析了解，他又盯住尚未兴起的渔业。他将冷冻食品店卖掉，开设了一家渔业公司，从事渔业贸易。经过几年的努力，到 1986 年，卡赫利法已经成为海湾地区渔业的龙头，他拥有 10 多条渔船，年渔业产值 500 万美元，鱼产品销售量很高。

市场存在一定的规律，当某一行业财源滚滚，其他行业便会随之而来，出现有利于大家竞争的局面。其他一些商人，看到卡赫利法在发渔业财，十分羡慕，便接连不断地挤了进来，都想抢先。一时间，波斯湾千船齐发，万网并张，展开了一场激烈的市场争夺战。

卡赫利法明白，捕鱼船能够不断扩展，但鱼却不增加。于是，他又将船队果断卖掉，从渔业退出，寻觅另一条道路。没过多久，卡赫利法发现中东饮用水匮乏，遂开办了一家生产、经营矿泉水的公司，他又一次大获全胜。

卡赫利法从起初的默默无闻，发展成为赫赫有名、富甲一方的大富翁，这一次次的机遇，一次次的成功，使得卡赫利法在阿拉伯商界中成为一位传奇人物。为什么卡赫利法总是和财富有缘，永不言败呢？其中一个非常重要的诀窍，就是敢于冒险。

　　每当人们遇到严峻形势时，习惯的做法是小心翼翼，保全自己。不是考虑怎样发挥自己的实力，而是把注意力集中在怎样才能缩小自己的损失上，这样做的结果大都将以失败而告终。

　　每个人知道通往成功的路上需要冒风险，我们中的许多人却惧怕冒险，为什么呢？主要是冒险使我们离开原有的安逸圈子。就好比准备跳下一座悬崖，而下面却没有一点安全防护措施。如果我们总是选择安稳而放弃尝试一些新鲜的东西，无疑我们的生活会失去一些令人激动的内容。人生需要冒险，强者都有冒险的习惯。太平静的单调生活会让强者失去斗志，失去活力。经常冒险可以使你对生活保持持续的热情和永不衰减的情趣感，在这种习惯中，你将拥有充满活力的生活。

　　成都人王克信奉"胆大走四方，危险出商机"的理念，勇敢地冲出国门，把生意做到了动荡不安的柬埔寨，做到了炮火纷飞的伊拉克。因为"胆大妄为"，他在短短的几年时间内积累了数千万资产。

　　当兵退伍后的王克被安排到政府机关工作。可是王克并不满足，渴望冒险的他觉得每天待在按部就班的机关里太没劲了，在1994年，王克辞职自谋生路去了。

　　初到柬埔寨，王克把目光锁定在生活用品的贸易上。为了减少开支，他每天骑着自行车四处推销。在推销过程中，王克还冒风险赊货给客商，销售额由此翻了好几番。从那以后，王克给一些大酒店、大超市送货都是自己亲自开车去。有一次，在送货的过程中，王克遇到了警察与偷车贼的枪战，一颗呼啸而过的子弹距他的脑袋只有10厘米远。虽然这次冒险让王克自己都后怕了好几天，但他做生意极高的信誉度却由此出了名。

几年下来，王克的总资产达到了五百多万美元。但王克并没有满足，而是将眼光放到了战火纷飞的伊拉克。从战争打响的第一天开始，王克就开始往返于成都和伊拉克的周边国家，源源不断地向伊拉克输送生活物资。那时候，经常有不知从哪里飞来的流弹从他身边擦过，面火光和爆炸声更是近在咫尺。许多当地的生意人都经受不了这种时时威胁的死亡恐惧而蜷缩起来了，但王克却一直坚守在这片硝烟弥漫的土地上。王克认为，如果一个商人怕冒风险，那还叫什么商人？

尽管冒险被西方心理学家称为一种性格特征，但我们也看到了另一个事实：敢冒险的人总是在冒险，不爱冒险的人总是求稳戒变。在勇于创新的人那里，冒险往往会成为一种具有鲜明特色的个人习惯。我们发现，那些具有冒险精神的人总是在不断尝试各种冒险的事情。

其实富人并不比普通人聪明，学识也不一定比一般人多，智商也不一定有多高。这些富人之所以能成功，是因为富人们具有的冒险精神，或是敢想敢去做的精神确实比别人强。有些人很聪明，对不测因素和风险看得太清楚了，不敢冒一点险，结果聪明反被聪明误，永远只能平庸而已。实际上，如果能对风险的防范和转化上进行谋划，则风险并不可怕。

对于那些害怕危险的人，危险无处不在。胆商高的人能够把握机会，该出手时就出手。没有敢于承担风险的胆略，任何时候都成不了气候。而大凡成就大事业的人，都具有非凡的胆略和魄力。

第七章

从最平凡做出
最不平凡的业绩

甘于从平凡小事做起

比尔·盖茨在被问及他心目中的最佳员工是什么样时，他强调了这样一条：一个优秀的员工应该对自己的工作满怀热情，当他对客户介绍本公司的产品时，应该有一种传教士传道般的狂热！一句话，将你的职业当成一门事业来做，它的荣誉感和使命感会立即将你工作中的一切不如意一扫而空。工作越干越有劲，人越活越年轻，道路越走越宽广，生活越来越美好。

新职员要有从平凡小事做起的糊涂精神。新职员进人公司之初，常常要从最底层干起，其实这是再正常不过的事了，但是志向高远的你可能会很失望，这是大错而特错的想法。要知道，每台机器的正常运转，要依赖所有部件毫无故障地发挥作用。假如某个齿轮或螺丝钉突然失灵，整台机器都会连带受损。新职员和企业的关系也是这样，如果你缺席或怠工，对于整个工作的进步和效益必然会产生或大或小的不利影响，有时也可能会误大事。公司不是慈善机构，既然支付薪金聘请你，自然认为你所承担的工作别人无法替代，你的劳动成果的重要性是毋庸置疑的。

公司新进了两位员工，刘先生是博士生、于先生是一位硕士生。在公司里他们的学历是最高的，本以为到公司就会受到重用，进入重要岗位。可是安排下来的工作，令他们大失所望。他们仿佛成了杂务工，包括厕所卫生，补充办公用品，等等。于是他们便开始私下埋怨。刘先生开始厌倦这份工作，常常打电话和留意招聘信息，随时准备跳槽，工作扔到一边，常常缺勤；于先生虽然心里不痛快，却仍然安心工作、任劳任怨，把它作为锻炼自己的机会，相信总有一天会赢得认可。他还深入了解公司情况，学习业务知识，熟悉工作内容。

这样工作五个月后，结果可想而知，于先生终于被调到重要岗位，结束了单调而讨厌的工作。而刘先生还没另外找到工作，却已经被辞退。

在工作中，如果你想取得更大的成功，就不要忽略小事。古语云："一屋不扫何以扫天下？"这句话放在这里可以从三个方面来分析：一是大事是由众多的小事积累而成的，忽略了小事就难成大事；二是由小事开始，逐渐长才干、增智慧，日后才能干大事，而眼高手低者，是永远干不成大事的；三是从干小事中见精神、得认可，"以小见大""见微知著"，赢得人们信任了，才能给你干大事的机会。

一个好高骛远的人是很难成功的。我们只有先接受了困难，才能最终做好自己的工作，你如果小事都做不好，何谈大事？我们只有睁大双眼，才能看清每一份工作都具有独特的挑战性，工作并无高低贵贱之分，俗话说"三百六十行，行行出状元"。任何时候都不要惧怕从小事做起，只要认真做好了你手边的工作，才能获得最真实的劳动成果。

你要从日常工作中做起，养成一个甘于从平凡小事做起的工作态度。你就这样想，我现在一无所有，认认真真去做好每一件事，你做得好不好，后面都有眼睛去看着你，做得好有人表扬，做得

不好，大家眼睛都能看到。如果你做每件事，都会想到该这样去做，慢慢地养成了习惯，那你也就成功了。

凡事专注必能成功

甚至在一种极特别的情形之下，只要我们能找到另一个专心的对象，我们仍是能保持泰然的态度的。许多年以前的一个晚上，芝加哥城里举行一次聚会，有一大群人正围着一对看热闹的老夫妇。这是一对样子很怪的老夫妇，穿着几十年前的工作服。

这群好奇的群众注视着他们的一举一动，而引以为快乐。但是他们似乎完全不觉得自己被众人注目。他们只管自己，注意街上的喧嚷、灯光、窗内陈设的货品、拥挤的人群等。他们被街市的繁华所吸引了，而丝毫没想到自己。但是他们的那种乡土模样及举止引起了别人的注意，变为众目之矢。

我们最大的毛病便是：常常以为自己是被注意的中心，然而实在并非如此。当我们戴一顶新帽子或穿一件新衣，总以为众人都在注目了。其实这完全是自己的臆想。别人或许也正和我们一样以为自己正受到他人的注目呢！如果真正在注意我们，那大概是因为我们的自我感觉使我们表现出一种可笑的态度，而不是由于衣服。

同样的原因也可以应用在许多别的情形上。如果某人十分专心于他的工作。你绝不能使他感觉不安，因为他甚至不觉得有人在身旁。假如有人看你工作，你便觉得不安，解救的方法是专心去做得更好些，而不要勉强克制自己的不安。如果你晓得自己做得很好，大家看你时便不会感觉不安；这种不安是因为你怕工作做得不好，怕弄出错误，怕别人看出你秘密的思想，于是引起你脸红手颤，声音战栗，这些行为都是你怕显露出来的，但是正因你害怕而越发显露出来。

有一次，一群中学生想戏弄一个女孩子，他们晓得她的自我感觉最敏锐。她这次是在一个礼拜堂里弹琴，于是他们故意坐在使她可以看见他们的一边，而且注视着她。他们并不扮怪相，也不笑，也不说话，只专心地注视她而已。这个女孩子因为自我的感觉极其敏锐，一会儿工夫就感受到他们坚定地注视着自己，便开始蠕动、脸红、心神不安，最后只好中途停止弹琴，退出了会场。这些学生深知她注意自己比注意音乐还厉害，这便是他们晓得用注视的方法可以扰乱她的缘故。假如她能有那对进城看热闹的老夫妇一半的专心，她甚至不会觉得那些少年在看着她。

专心想到自己是不能增加故事的效率或减少自我感觉的，专心想到工作却能做到。

不过在许多情形之下，最重要的不是你的工作或你所要做的事，而是别人。如果专心工作之余，对别人真诚地感兴趣，你会无往而不胜。

研究人类，你会发觉他们是世界最有趣的。这个原则是福煦将军之所以能成为陆军界领袖的主要原因。

像福煦将军这样成功的人，必须要能懂得各种人的心理，以及各种心理如何作用。……许多其他年轻军官，以为只要懂得他们手下各种人士的特性就足够了，然而福煦却不以为然。他对于整个人类的认识差不多都是基于"人"以及人在某种压迫下的动作——不是预料他们如何动作，而是他们实际上如何动作，以及可以引导他们如何动作。

假如你能像福煦将军这样研究人，那么人类就不再是可怕到会使你面红、声颤、手抖的了。如果他们做了你所不懂得的事，你努力去寻其解释，不会自感过敏。

自我的感觉强烈完全是因为想自己。克制的方法便是不想自己。

不想自己的方法是要能寻一点别的事来想。你必须寻找一种代替物。寻得了代替物之后，想自己的习惯便可毫不费力地除去。

假使你演说时只想着你所说的，以及听众，而不是想你自己，你便不会自感过敏。如果人做一件工作，只想到你的工作，也不会对自己发生兴趣。

刚开始时，你或许不能了解与你同在一起的人。专门想自己是不能帮助你去了解他们的。去想别人却可以办到。

自我的感觉是臆想的一种形式。别人并不会如你所想像的那样关心你。他们有各人的事情要忙。记得这一点，你在他们面前便不会感觉不舒服了。

养成喜欢和人亲近的习惯，那样，你和他们在一起时便不会感觉不舒服。别人看见你喜欢他们，同时也会感觉愉快。这种方法还能增加你安闲的态度。

安闲的态度不是可以由矫饰或假装冷淡得到的。态度要自然，不可把自己看得太重。

做事需要踏踏实实

西方精神分析学大师弗洛伊德将空想命名为"白日梦"。他认为，白日梦就是人在现实生活中由于某种欲望得不到满足，于是通过一系列的想象、幻想在心理上实现该欲望，从而为自己在虚无中寻求到某种心理上的平衡。

弗氏理论还提出了一个关键性的词——逃避。也就是说，过分沉湎于空想的人必定是一个逃避倾向很浓的人。这正是空想带给人的极大危害性。下面的故事生动地说明了空想的危害。

一年夏天，一位来自马萨诸塞州的乡下小伙子登门拜访年事已高的爱默生。小伙子自称是一个诗歌爱好者，从 7 岁起就开始进行诗歌创作，但由于地处偏僻，一直得不到名师的指点，因仰慕爱默生的大名，故千里迢迢前来寻求文学上的指导。

这位青年诗人虽然出身贫寒，但谈吐优雅，气度不凡。老少两位诗人谈得非常融洽，爱默生对他非常欣赏。

临走时，青年诗人留下了薄薄的几页诗稿。

爱默生读了这几页诗稿后，认定这位乡下小伙子在文学上将会前途无量，决定凭借自己在文学界的影响大力提携他。

爱默生将那些诗稿推荐给文学刊物发表，但反响不大。他希望这位青年诗人继续将自己的作品寄给他。于是，老少两位诗人开始了频繁的书信来往。

青年诗人的信写了长达几页，大谈特谈文学问题，激情洋溢，才思敏捷，表明他的确是个天才诗人。爱默生对他的才华大为赞赏，在与友人的交谈中经常提起这位诗人。青年诗人很快就在文坛有了一点小小的名气。

但是，这位青年诗人以后再也没有给爱默生寄诗稿来，信却越写越长，奇思异想层出不穷，言语中开始以著名诗人自居，语气越来越傲慢。

爱默生开始感到了不安。凭着对人性的深刻洞察，他发现这位年轻人身上出现了一种危险的倾向。

通信仍在继续。爱默生的态度逐渐变得冷淡，成了一个倾听者。

很快，秋天到了。

爱默生去信邀请这位青年诗人前来参加一个文学聚会。他如期而至。

在这位老作家的书房里，两人有一番对话：

"你来为什么不给我寄稿子了？"

"我在写一部长篇史诗。"

"你的抒情诗写得很出色，为什么要中断呢？"

"要成为一个大诗人就必须写长篇史诗，小打小闹是毫无意义的。"

"你认为你以前的那些作品都是小打小闹吗？"

"是的，我是一个大诗人，我必须写大作品。"

"也许你是对的。你是个很有才华的人，我希望能尽早看到你的大作品。"

"谢谢，我已经完成了一部，很快就会公诸于世。"

文学聚会上，这位被爱默生所欣赏的青年诗人大出风头。他逢人便谈他的伟大作品，表现得才华横溢，锋芒咄咄逼人。虽然谁也没有拜读过他的大作品。即便是他那几首由爱默生推荐发表的小诗也很少有人拜读过。但几乎每个人都认为这位年轻人必将成大器。否则，大作家爱默生能如此欣赏他吗？

转眼间，冬天到了。

青年诗人继续给爱默生写信，但从不提起他的大作品。信越写越短，语气也越来越沮丧，直到有一天，他终于在信中承认，长时间以来他什么都没写。以前所谓的大作品根本就是子虚乌有之事，完全是他的空想。

他在信中写道："很久以来我就渴望成为一个大作家，周围所有的人都认为我是个有才华有前途的人，我自己也这么认为。我曾经写过一些诗，并有幸获得阁下的赞赏，我深感荣幸。

"使我深感苦恼的是，自此以后，我再也写不出任何东西了。不知为什么，每当面对稿纸时，我的脑中便一片空白。我认为自己是个大诗人，必须写出大作品。在想象中，我感觉自己和历史上的大诗人是并驾齐驱的，包括和尊贵的阁下您。

"在现实中，我对自己深感鄙弃，因为我浪费了自己的才华，再也写不出作品了。而在想象中，我是个大诗人，我已经写出了传世之作，已经登上了诗歌的王位。

"尊贵的阁下，请您原谅我这个狂妄无知的乡下小子……"

从此后，爱默生再也没有收到这位青年诗人的来信。

爱默生告诫我们："当一个人年轻时，谁没有空想过？谁没有幻想过？想入非非是青春的标志。但是，我的青年朋友们，请

记住，人总归是要长大的。天地如此广阔，世界如此美好，等待你们的不仅仅是需要一对幻想的翅膀，更需要一双踏踏实实的脚！"

该做的事情及时做

急事不可缓办，缓办夜长梦多，容易出现变数。而缓事亦不可急办，心急喝不了热粘粥，欲速则不达。不管办什么事都应该掌握行动的火候。

1. 当断即断，免受其乱

不论办什么事，都有一个时机问题。一着主动，则万事皆宜；一着不慎，则满盘皆输。在时机到来时，一定要夺取主动，万不可徘徊犹豫，当断即断，免受其乱，这是成功敢做敢为的智慧。

汉军经垓下一役大胜楚军，在项羽自刎后又势如破竹，平定了项羽封地内的各处抵抗势力，尔后把军队驻扎在定陶休整。此时获胜天下已成定局，为了防止韩信的势力大过自己，大胜之际祸生肘腋，精明的刘邦又一次采用突然袭击方式，进入韩信军中，在韩信不防备的情况下，把韩信的兵权收了过来。

刘邦此举是为了防止军事割据、建立统一的中央集权。垓下围剿项羽的战役，主要是通过韩信指挥的，如此的战功，自然会赢得各路诸侯们的敬畏。而在战后，韩信还拥有三十万兵马。项羽一死，能够与刘邦决一胜负的就只剩下韩信一家，而其他的诸侯们都不会对刘邦造成这个威胁，所以，为了自己的安全考虑，刘邦又一次收了韩信的兵权，这样做当然是完全必要的，而且韩信也本应主动这样做。韩信未这样做，刘邦就只好亲自做。当然，这样做的负面作用在于有可能使韩信心中埋下了不满的种子，也给韩信最后的造反埋下了祸根。在天下已经基本平定的情况下，精明的政治家必须收回兵权，以防变故。因而从政治上来考虑，刘邦的所作所为起到了保证大局稳定的作用。

作为一个杰出的政治家，刘邦能够用非常的手腕，成就非常的大事，所以在当初需要用到韩信的时候，他就极力与韩信保持良好的关系，即使韩信对自己不忠，也能以大局为重，把韩信所要求的东西给予韩信，使韩信对自己忠心耿耿，帮助自己来完成统一大业。而一旦天下已定，四方升平，刘邦就以其敏锐的政治嗅觉，察觉到韩信有拥兵自重之心，对自己已经构成了一大威胁，而且很难保证韩信不会生成背叛之心。防患于未然，什么时候都不会是错的。所以刘邦便在韩信生出反心之前，果断地采取了一系列的政治措施。

刘邦先是分封韩信为楚王，这样便兑现了自己的诺言，可以使自己处于一个有利的地位，因为韩信在刚开始的时候，请封齐王的时候，就是打着"暂时代管"的旗号，现在韩信被改封楚王，他自然也没有什么话好说。同时韩信齐王的封号被剥夺了，这说明刘邦对于齐地的人民还是不放心。

齐地土地肥沃，民风强悍，把韩信这样一个善于用兵的人放到兵源充足的齐地，无疑是养虎遗患。刘邦在项羽死后，已将韩信作为自己第一个要防范和打击的对象。尽管韩信在关键时刻未曾被叛，那是情义之必需、君臣之应有，韩信所表露出的种种迹象，皆以借刘邦调兵之机要求封王为开端，引起刘邦反感，自然不会再将他留在齐地。所以，这几个命令一下达，韩信虽然得到于楚地，却失去了齐地和兵权，明升暗降可谓得不偿失。这样，韩信如果想反刘邦，起码需要再次准备一段时间。

2. 看的要准，下手要快

机会是成事的空档。不会钻这个空子就不会占据成功的席位。所有成就大事的人都具备看准了便下手做的胆略。

1875 年春天。美国实业家亚默尔像往常一样在办公室里看报纸，一条条的小标题从他的眼睛中溜过去。突然，他的眼睛发出了光芒，他看到了一条几十字的时讯：墨西哥可能出现了猪瘟。

他立即想到：如果墨西哥出现猪瘟，就一定会从加利福尼亚。得克萨斯州传入美国，一旦这两个州出现猪瘟，肉价就会飞快上涨，因为这两个州是美国肉食生产的主要基地。

他的脑子正在运转，手已经抓起了桌子上的电话，问他的家庭医生是不是要去墨西哥旅行。家庭医生一时间弄不清什么意思，满脑子的雾水，不知怎么回答。

亚默尔只简单地说了几句，就又对他的家庭医生说："请你马上到野餐的地方来，我有要事与你商议。"

原来那天是周末，亚默尔已经与妻子约好，一起到郊外去野餐，所以，他把家庭医生约到了他们举行野餐的地方。

他、他的妻子和他的家庭医生很快聚集在一起了，他满脑子都是钱，对野餐已经失去了兴趣。他最后说服他的家庭医生，请他马上去一趟墨西哥，证实一下那里是不是真的出现了猪瘟。

医生很快证实了墨西哥发生猪瘟的消息，亚默尔立即动用自己的全部资金大量收购佛罗里达州和得克萨斯州的肉牛和生猪，很快把这些东西运到美国东部的几个州。不出亚默尔的预料，瘟疫很快蔓延到了美国西部的几个州，美国政府的有关部门下令一切食品都从东部的几个州运往西部，亚默尔的肉牛和生猪自然在运送之列。

由于美国国内市场肉类产品奇缺，价格猛涨，亚默尔抓住这个时机狠狠地发了一笔大财。在短短的几个月时间内，就足足赚了100万美元。

他之所以能够赚到这样一大笔别人没有赚到的钱，就是因为他比别人更能准确地把握商机，一旦发现商机就果断出击、决不手软。

做事要有恒心

当事情愈来愈困难，大多数人都会放手离开，只有意志坚决的人，除非胜利，决不肯轻言放弃。

做事要有恒心。这是一句千古不变的至理名言。无可否认，人们渴望成功，眼睛紧紧盯着潮流和热点，唯恐落伍。当发现自己的领域难以出人头地，或者发现更有前途的行当时，就会毫不犹豫地"跳槽""转行"，抛弃自己数年甚至数十年的事业，到新的领域寻找成功的机会。于是，知识分子下海成为儒商，机关干部辞职干个体等，然而很多人都咀嚼着因半途而废的痛苦。

实际上，成功的秘诀在于执着，成功偏爱执着的追求者。世界上许多名人的成功，都来自于千辛万苦，持之以恒的努力，只有这样，你才会渐渐接近辉煌。稍有困难便更改航向，或经不起外界的诱惑，恐怕会永远远离成功。

对那些拒绝停止战斗的人来说，他们永远都有胜利的可能。

如果你发现自己所处的情势似乎与胜利无缘，那么，你可以发展一些对自己动机有利的行动。如果正面的攻击无法攻占目标，那么，试试看以侧面进攻。生命中很少有解决不了的难题。再困难的障碍也阻碍不了一个有决心、有动机、有计划，并且有足够的弹性来对抗情况变化的人。

许多失败，其实只要再多坚持一分钟，或再多付出一点努力，是可以转化为成功的。

成功会带来成功，失败亦会接连不断。

物理上，正负会相吸，而同性相斥，但人类彼此的关系则恰好相反。消极的人只会与消极的人在一起，积极的心态吸引具有类似想法的人。你也会发现，当你成功以后，其他的成就也会不断来到，这就是叠加的道理。

自信源于过去的成功经验，成功的过程中会遇到许多艰难，困苦与挫折失败，战胜他们的基本法则就是心理上先做好准备。要有敏锐的目光，看清成功背后的景象，要有持续的毅力。坚持到困难向你退缩，要有勇气有行动，当发现困苦的弱点后，就不失时机地给它致命一击。

当事情愈来愈困难，大多数人都会放手离开，只有意志坚决的人，除非胜利，决不肯轻言放弃。

希拉斯·菲尔德先生退休时已经积攒了一大笔钱，然而，这时他又突发奇想，想在大西洋的海底铺设一条连接欧洲和美国的电缆。

随后，他就全身心地开始推动这项事业。前期基础性工作包括建造一条 1000 英里长、从纽约到纽芬兰圣约翰的电报线路。纽芬兰 400 英里长的电缆线路要从人迹罕至的森林中穿过，所以，要完成这项工作不仅包括建一条电报线路，还包括建同样长的一条公路。此外，还包括穿越布雷顿角全岛共 440 英里长的线路，再加上铺设跨越圣劳伦斯海峡的电缆，整个工程十分浩大。

菲尔德使尽浑身解数，总算从英国政府那里得到了资助。然而，他的方案在议会遭到强烈的反对。随后，菲尔德的铺设工作就开始了。电缆一头搁在停泊于塞巴托波尔港的英国旗舰"阿伽门农"号上，另一头放在美国海军新造的豪华护卫舰"尼亚加拉"号上。不过，就在电缆铺设到 5 英里的时候，它突然卷到了机器里面，被弄断了。

菲尔德不灰心，进行了第二次试验。在这次试验中，在铺好 200 英里长的时候，电流突然中断了，船上的人们在船板上焦急地踱来踱去，好像死神就要降临一样，就在菲尔德先生即将命令割断电缆、放弃这次试验时，电流突然又神奇地出现了，一如它神奇地消失一样。夜间，船以每小时四英里的速度缓缓航行，电缆的铺设也以每小时四英里的速度进行。这时，轮船突然发生一次严重倾斜，制动器紧急制动，不巧又割断了电缆。

但菲尔德并不是一个容易放弃的人。他又订购了 700 英里的电缆，而且，还聘请了一个专家，请他设计一台更好的机器，以

完成这么长的铺设任务。后来，英美两国的发明天才联手，才把机器赶制出来。最终，两艘船继续航行，一艘驶向爱尔兰，另一艘驶向纽芬兰，结果它们都把电线用完了。两船分开不到13英里，电缆又断开了。再次接上后，两船继续航行，到了相隔八英里的时候，电流又没有了。电缆第三次接上后，铺了两百英里，在距离"阿伽门农"号20英尺处又断开了，两艘船最后不得不返回到爱尔兰海岸。

很多参与此事的人都泄气了，公众舆论也对此流露出怀疑的态度，投资者也对这一项目没有了信心，不愿再投资。这时候，如果不是菲尔德先生，如果不是百折不挠的精神、不是他天才的说服力，这一项目很可能就此放弃了。菲尔德继续为此日夜操劳，甚至到了废寝忘食的地步，他决不甘心失败。

于是，第三次尝试又开始了。这次总算一切顺利，全部电缆铺设完毕，而没有任何中断，铺设的消息也通过这条漫长的海底电缆发送了出去，一切似乎就要大功告成了，但突然电流又中断了。

好一个菲尔德，所有这一切困难都没吓倒他。他又组建一个新公司，继续从事这项工作，而且，制造出了一种性能远优于普通电缆的新型电缆。1866年7月13日，新一次试验又开始了，并顺利接通、发出了第一份横跨大西洋的电报！电报内容是："7月27日，我们晚上九点达到目的地，一切顺利。感谢上帝！电缆都铺好了，运行完全正常。希拉斯·菲尔德。"

由此可见，成功更多依赖的是人的恒心与忍耐力，而不仅仅是他的天赋或朋友的支持，以及各种有利条件的配合。最终，天才的力量总比不上勤奋工作、含辛茹苦的力量。才华固然是我们所渴望的，但恒心与忍耐力更让我们感动。

瑞典化学家塞夫斯特穆在 1830 年发现了元素钒。对这一重大发现，他以轻松风趣的科学童话般的笔调写道：

"在宇宙的极光角，住着一位漂亮可爱的女神。一天有人敲响了她的门，女神懒得动，等着第二次敲门，谁知，这位来宾一敲之后就走了。她急忙起身打开窗子张望。'是谁家的冒失鬼呀？'她自言自语道，'啊，一定是维勒！'如果维勒再敲一下，不就见到女神了吗？"

"过了几天，又有人来敲门，一次敲不开，继续敲下去，女神开了门，是塞夫斯特穆，他们相晤了，钒便产生了。"

这是塞夫斯特穆给他的朋友维勒信中的一段话。

同是科学家，但维勒浅尝辄止，而塞夫斯特穆却能持之以恒，最终得到女神的青睐。这就是人做事要有恒心的结果。

做不到是因为想不到

很多时候，人的限制是来源于内心而非外在的压力。我们做不到，或者说没有做到什么，并不是因为我们真的不能做到，而是我们没有想到过要去做。

梦想就是有这样的神奇力量，能带领我们走向辉煌的境地。而失去了梦想的力量，就只能囚禁在自己心灵的枷锁里。

说起来你可能不信，一根矮矮的柱子，一条细细的链子，竟

能拴住一头重达千斤的大象。可这令人难以置信的景象，在印度和泰国随处可见。原来那些驯象人在大象还是小象的时候，就用一条铁链把它绑在柱子上。由于力量尚未长成，无论小象怎样挣扎都无法摆脱锁链的束缚，于是，小象渐渐地习惯了而不再挣扎，直到长成了庞然大物，虽然它此时可以轻而易举地挣脱链子，但是大象依然选择了放弃挣扎，因为在它的惯性思维里，它仍然认为摆脱链子是永远不可能的。小象是被实实在在的链子绑住，而大象则是被看不见的习惯绑住。

现在你应该相信，没有梦想是多么可怕。失去了奔跑的力量，还可以用其他的方式弥补，失去了梦想的力量，也许就只能在地上爬行了。

日本流传着一个美丽的童话：有两个小孩在海边玩累了，于是，就躺在沙滩上睡着了。其中一个小孩做了个梦，梦见对面岛上住了个大富翁，在富翁的花园里有一整片的茶花，在一株白茶花的根下，藏着一坛黄金。

这个小孩醒了以后，把梦告诉了另外一个小孩后说："真可惜，这只是个梦。"而另一个小孩听了后，却在心中埋下了逐梦的种子。他对那个做梦的小孩说："你可以把这个梦想卖给我吗？"做梦的小孩同意了，于是，买梦的小孩就拥有了这个梦。

买了梦的小孩开始向那座岛进发，千辛万苦后才到达岛上，果然发现岛上住着一位富翁，于是，他就自告奋勇地做了富翁的佣人。他发现花园里真的有许多茶树，茶花一年一年地开，他也一年一年地把种茶花的土一遍一遍挖掘。终于有一日，他在一株白茶花的根底挖出了一坛黄金。

买梦的人回到了家乡，成了最富有的人，卖梦的人，虽然不停地在做梦，但他从未圆过梦，终究还是个穷光蛋。

热情是办事成功的基础

热情代表着一种积极的精神力量，这种力量不是凝固不变的，而是不稳定的。不同的人，热情程序与表达方式不一样；同一个人，在不同情况下，热情程度与表达方式也不一样。但总的来说，热情是人人具有的，善加利用，可以使之转化为巨大的能量。

你内心里充满要帮助别人的热情，你就会兴奋，你的精神振奋，也会鼓舞别人工作，这就是热情的感染力量。

在职业生涯中，要想与别人竞争，必须保持一股工作的热情。所以，这里提出了热情加油站的概念。所谓热情加油站，就是在心理中枢系统经常不断地激发兴奋神经，把心理因素转化成工作热情。当然，不是让你榨干热情，而是疏通情感渠道去补充热情，从而起到加油站的作用。像没有汽车加油站，汽车就不能跑长途一样，热情不加油，职业活动也不能维持长久。只有当热情发自内心，又表现成为一种强大的精神力量时，才能征服自身与环境，创造出日新月异的生涯成绩，使你在激烈的竞争中立于不败之地，热情是办事成功的基础。

你如果已经工作了，就会知道，当你最初接触一项工作的时候，由于陌生而产生新奇，于是你千方百计地了解熟悉工作，干好工作，这是你主动探索事物秘密的心理在职业生涯中的反映。

而你一旦熟悉了工作性质和程序，日常习惯代替了新奇感，就会产生懈怠的心理和情绪，容易故步自封而不求进取。你这种主观的心理变化表现出来，也就是情绪的变化。

有热情才能有积极性，没热情只能产生惰性；惰性会使你落伍。业绩不佳难免要被"炒鱿鱼"。这也是职业生涯中的一条规律。由此看来，你能不能与别人竞争，关键靠你的心理素质和内心动力，也就是靠坚持不懈地工作热忱。

松下幸之助 13 岁还在学徒的时候，一直想独自去卖成一辆自行车，可是，当时自行车是百元上下的高价商品，相当于今日的汽车，即使有人想买，也轮不到松下这样的小徒弟一人去销售，顶多是让松下跟着伙计送车去罢了。

很幸运，有一天本町二段的铁川蚊帐批发商打电话来："送自行车给我们看看吧。我们老板在，现在赶快送来！"刚好伙计不在，主人说："对方很急的样子，无论如何，你先把这个送过去吧。"松下听了，以为好机会来了，精神百倍地把自行车送到铁川那里。

那时因为松下只有 13 岁，人家把他当作可爱的小孩。老板看他拼命说明的模样，摸摸他的头说："你很热心，是个好孩子。好吧，我决定买下来，不过要打九折。"因为太兴奋了，所以没拒绝就回答说："我回去问老板！"说着跑回来告诉主人："对方愿意打九折买下来。"主人却说："打九折怎么行呢？算九五折好了。"这时候，松下一心一意想第一次独立成交，很不愿意再跑一次去说九五折。他竟对主人说："请不要说九五折，就以九折卖给他吧。"说着说着就哭出来。主人感到很意外："你到底是哪方的店员呢？你怎么了？"松下哭个不停。过了一会儿，对方的伙计到店里："怎么等了这么久呢？还是不肯减价吗？"主人说："这个孩子回来叫我九折卖给你们，说着就哭了出来。我现在正在问他，到底是谁家的店员呢。"伙计听了，好像被松下的热心和纯情感动了，立刻回去告诉他的主人。铁川的主人说："他是一个可爱的学徒。看在他的份上，就按照九五折买下来。"终于成交了。这就是松下第一次销售成功自行车的例子。铁川的主人甚至对松下说："只要你在五代（松下当时学徒的商店），这期间我们买自行车，一定向五代买。"

同样一件事，都由你来干，有热情和没有热情，效果是截然不同的。前者使你变得有活力，事情办得有声有色，创造出许多辉煌的业绩；而后者，使你变得懒散，对事情冷漠处之，当然就不会有什么发明创造，潜在能力也无所发挥；你不关心别人，别人也不会关心你；你自己垂头丧气，别人自然对你丧失信心。你成为这个职业群体里可有可无的人，你也就等于取消了自己继续从事这份职业的资格。可见，培养职业热情，是竞争至关重要的事情。

首先你要告诉自己，你正在做的事情正是你最喜欢的，然后高高兴兴地去做，使自己感到对现在的职业已很满足。其次，是要表现热情，告诉别人你的办事状况，让他们知道你为什么对这项职业感兴趣。

事实上，每个人都有理由充满办事热情，不论是作家、教师、工程师、工人和服务员，只要自己认为理想的职业就应该是热爱的，人家也就自然珍惜。但有些职业在经过深入了解以后，可能

会感到无非如此，用不着付出多大努力，已是绰绰有余，于是便以例行公事的态度从事之。这样问题就出来了。你虽然热爱自己的职业，却不知道怎样把职业掌握在自己手里。再熟悉的职业，再简单的事情，你都不可掉以轻心，都不可没有热情。如果一时没有焕发出热情，那么就强迫自己采取一些行动，久而久之，你就会逐渐变得热情。假使你相信自己从事的职业是理想的，就千万别让任何事情阻止了你的工作。

世上许多办得极好的事情，都是在热情的推动下完成的。关键所在，是要有把事情做好的热情，并能善始善终。

你常常会遇到这样的情况，有的职业，你认为是很好的，也蛮有办事热情，可常听到种种非议，在你的热情上泼冷水。把握不住，就会把一份好端端的职业断送掉。应该承认这种制冷因素是客观存在的，但这只是影响热情的外在原因。保持热情的内因是良好的心理素质。要相信你认为好的，必定是好的。与其担心别人的评论，不如设法完成你所择定的事情，创造出无可争辩的实绩，让人刮目相看。

在马萨诸塞医科大学的应力治疗中心，创办人兼指导者乔·卡伯特、津恩对患者在进行一项训练，以帮助参与者增强对现实的一种新鲜感。训练不包括催眠、唱歌等，仅由一项简单的事情构成：吃葡萄干。不是囫囵吞枣，而是用一种新方法吃，全神贯注，就像品酒师鉴定法国波尔多佳酿一样。参与者有意识地拿起葡萄干，观察颜色，辨别味道，然后从容地把它放在嘴里，用舌头感觉葡萄干皮上的褶皱，和牙齿细细咀嚼，接着小心地咽下去，感觉它滑入喉咙，体会它独有的滋味。大部分参与者说，在这个过程中有一种紧张刺激的感觉，他们立刻从吃葡萄干中体会到用心从事一项活动与匆匆忙忙、毫无意识、心不在焉地做事（而这是通常的态度）的对比反差。

这项练习的要点（增强对现实存有一种新鲜感的要点）是提高你注意眼前事务的能力。远离过去及将来那些无尽的浪费精力、破坏新思考的担忧与烦恼，努力地去恢复你的热情与信心。学会专心致志地吃葡萄干或专心致志地制订新的营销战略，专注将使你以富有创造性的思想来完成当前的任务。

成功源于不懈的努力

遥望成功，有人哀叹命运不公，有人埋怨道路坎坷，他们很少低下头认真地审视一下自己，自问一下，是不是自己的努力还不够，时间抓得还不够紧？像这种总是牢骚满腹的人，可能永远都得不到成功。

很久很久以前，鸭子和天鹅是一对亲兄弟，它们的长相和外貌一模一样，很难区分开来。鸭子是哥哥，天鹅是弟弟。

它们长大后，一同拜山鹰为师，学习追云赶月的飞翔技艺。跟老师才学练了三天，鸭子就有些受不了啦。它嘟嘟囔囔地抱怨，要是自己生在山鹰家里多好，从小就能出类拔萃，翱翔天空，省得受这份洋罪，去练这飞翔的技艺。天鹅说："真本事来自苦用功，哪有一生下来就什么都会的人呢？就是山鹰的孩子，也是通过长期艰苦的勤学苦练，才练就了一身过硬的翱翔技艺。

不信，你问问老师。"山鹰笑着说："是啊，我们山鹰的孩子练起飞翔来，一点也不比你们轻松，翅膀被刮伤，脖子被扭坏，那是常有的事。"

鸭子平静了没几天，心里又烦躁起来。"哼，山鹰练飞虽比我苦，可他起点比我高呀，我再苦练也跟不上人家。罢罢罢，干脆另谋出路。"天鹅苦劝无效，鸭子偷偷地溜了。

鸭子离开山鹰，接着跟金雕学艺。没过几天，他又腻烦了，于是，他再次出走。就这样，他辗转各地，东奔西走，曾到大海上向海鸥求教，曾到沙漠里向秃鹫学习，也曾到森林里以猎隼为师……但他不是嫌环境艰苦，就是嫌老师刻板，每天都有说不完、道不尽的牢骚。

许多年过去了，鸭子飞翔的能力一点也没有提高，只能从一个水塘勉强飞到另一个水塘。而他的弟弟天鹅，经过一丝不苟的刻苦训练，早已成了举世闻名的飞行家，他甚至飞越珠峰，连老师都望而兴叹。

鸭子学不会飞翔的技艺，不仅不从自身找原因，反而怨天尤人，把责任都推给了别人，结果不言而喻。在工作中，"鸭子"们不乏其人。他们在孤芳自赏的同时，只能一次次吞下失败的苦果。所以，要想在事业上有所建树，不努力、不抓紧是不行的。

有位名叫海威希的美国青年，自幼家境贫寒，无力支付受教育的费用，因此，身无所长。当他踏上社会时，只能在萨城一家贸易信托公司当小职员。后来，他又去了奥克拉荷马州的马歇尔市，在谢尔石油公司任职。

巧合的是，他一见钟情地爱上了市长的女儿爱芙琳·英格，最终如愿以偿和爱芙琳结了婚，当时，在城中也制造了一股不大不小的轰动。

不久，残酷的经济危机席卷整个美国，成千上万的人失了业，海威希也不能幸免。他个人才华很一般，能力也不强，受过的培训也非常欠缺，就无法从事一般书记以外的工作，被迫离开了公司，为了养家糊口到石油管工程去挖壕沟，报酬是每小时四毛钱。

严酷的现实使他不得不重新考虑自己的将来。

他开始经营一家小型的高尔夫球场，又通过岳父的关系，重新被谢尔石油公司雇用，转到了奥克拉荷马州杜尔沙市工作。令他尴尬的是，他的工作是在会计部门办理有关投资的文秘工作，可他对会计方面的知识是一窍不通的。

他没有选择的余地，只有去参加学习。

他去了奥克拉荷马法律会计学校的夜间部会计科上课。他后来认为这是他有生以来做过的最聪明的一件事，因为，那些课程的机制、安排使他可以利用晚上的时间来弥补他学识上的严重缺陷，3年过去了，他的薪水增加3倍，生活有了明显的改善。接着，他进入了杜尔沙大学夜间部的法律系上课，顺利地在4年内修完了全部学分，获得了学位，又通过律师验定考试，而成为合格的开业律师——他又多了一份像样的工作。

但他还是不满足，又确立了一个新目标——会计师。于是，他又回到学校夜间部上课，准备参加会计师的验定考试。又是3年，他坚持研究高等会计，最终拿到了高等会计师的职称。

紧接着，又开始学另一门公共演讲的课程。

就这样，经过若干年的夜间部学习，他的薪水比他12年前

第七章　从最平凡做出最不平凡的业绩

· 285 ·

挖壕沟的时候整整多了 12 倍。

海威希的成功，完全得益于自己的不懈努力。人生有限而学无止境，海威希能在短时间内取得这么大的进步，关键就在于"抓紧"。也只有像他这样，才能在人生的阶梯上步步攀升。

做事精益求精的人不会平庸

一个人或是一个企业，无论是做人、做事、做产品一定要做到精益求精，好的同时还要求更好，只有这样，机遇才可能垂青于你，成功才可能离你越来越近。一个人做自己要做的事应该有这样的态度：要么不做，要做就做最好。对成功的期盼来自四个字——精益求精，这就是渴望取得成功这一心理的根源所在。正如温斯顿·丘吉尔所说："唯尽善尽美者为上。"不论你从事何种职业，都要做到尽心尽责，要尽自己的最大努力去使其不断进步。只有这样，追求完美的念头才会在我们的头脑中变得根深蒂固。

尽管我们不能把每件事情做到尽善尽美，但在做事的过程中一定要精益求精。做事精益求精，不但能够提高自己成功的几率，还可以使自己的才能迅速获得进步，学识日渐充实，最终提升自己的人生品位。虽然我们只是普通人，但我们要站得更高一些，这样，人生的视野才会更开阔，才会树立起大局意识，遇事便能够站在理性的角度去考虑，从而把事情做得更好。

24 岁的海军军官卡特，应召去见海曼·李科弗将军。在谈话前，李科弗将军让卡特挑选任何他愿意谈论的话题。然后，再问卡特一些问题，结果李将军将他问得直冒冷汗。

卡特终于开始明白自己自认为懂得了很多东西，其实还远远不够。结束谈话时，将军问他在海军学校的学习成绩怎样，卡特立即自豪地说："将军，在820人的一个班中，我名列59名。"将军皱了皱眉头，问："为什么你不是第一名呢，你竭尽全力了吗？"

此话如当头棒喝，影响了卡特的一生。此后，他事事竭尽全力，后来成为了美国总统。

在成为优秀的人之前，你只能把事情做得很好，只有成为优秀的人，你才会把事情做得更好，一个人不经过优秀的历练是成不了大才的，这是一条真理。一个平庸的人永远不会把事情做到最好。而一个人若只用平庸的标准来要求自己，却又想名垂千古——这不是痴心妄想吗？世上最有成功希望的人，无不有着勤劳自信、精益求精的可贵品质。在做任何事情的时候，如果已经养成了马马虎虎的习惯，那么，所有的能力、天分、智慧、独创力都将被掩埋掉。做事严谨、精益求精的人，不管走到何处，做什么事情，都可能受到别人的欢迎。

一件精美的玉器，就是雕琢玉器的人的品牌。顾客拿到这件精美的玉器，就会联想起雕琢者精益求精的工作态度。这时，顾客"爱屋及乌"，就会由对精美玉器的喜爱，转移到对雕琢者的崇敬。你也许并不经营商店，但出自你手的每一个零件，每一首诗，每一个方案，都是你的"商品"。你不应该容忍在自己伟大的生命织锦中，存在低劣易断的丝线。你所做的一切都应该代表

着优秀，代表着卓越，应该让所有的人知道，你的作品不是漫不经心的潦草之作，而是完美的杰作——无论是你自己，还是别人，都不可能做到比这更出色了。

要做就一定竭尽全力

成功的一切结果都是建立在全力以赴、尽职尽责做好工作的基础上。不要小看一些小事，它往往成为决定成败的关键。所以，无论是什么工作，无论是不是大事，无论是不是你分内的事，你都应该抱着"既然做了就一定要竭尽全力"的想法。无论做什么都怀着必胜的信念全力以赴，它将引领你进入成功的殿堂。

娜拉小时候学芭蕾舞时，父亲对她严格得近似残酷。每当她想停下来休息时，父亲总是问："你竭尽全力了吗？"娜拉便咬着牙继续练，到筋疲力尽无法站立时，才瘫坐在地上休息。日复一日枯燥乏味的练功生活使娜拉觉得学芭蕾舞简直是一种痛苦，她开始厌烦练功，打算放弃芭蕾。父亲得知后说："你今天放弃了芭蕾，明天还会放弃别的，因为干任何事情都会遇到无法预料的艰难。如果你决定去做什么事，你就要用尽全力去做，否则你只会一事无成。"

娜拉委屈地说："可我每天的生活都是一样的，那就是练功。"父亲说："任何一个学芭蕾舞的人都是这样，别人都能做到，你为什么不能，除非你是弱者。"

娜拉不想成为弱者，她用父亲经常说的"你竭尽全力了吗？"

这句话激励自己，练功累了就用海绵擦洗一下四肢，借以恢复体力。最后她的舞步练得灵巧如燕，终于成了一位著名的芭蕾舞演员。

追求成功就要信仰成功，信仰成功才会每时每刻都竭尽全力，而不是偶尔竭尽全力，成功与失败只差这么一点。在做事时，只要你竭尽所能，做得比一般人更好、更精确，你自然能引起上司的重视，而使你不断发展和进步。事实上，各行各业都需要全心全意、尽职尽责的人，所以，不管从事什么工作，平凡的也好，令人羡慕的也好，都应该尽心尽责，以求不断进步。

著名投资专家约翰·坦普尔顿通过大量的观察研究，得出了一条很重要的原理："多一盎司定律。"盎司是英美重量单位，一盎司只相当于1/16磅。但是，就是这微不足道的一点区别，却会让你的工作大不一样。他指出：取得突出成就的人与取得中等成就的人几乎做了同样多的工作，他们所做出的努力差别很小——只是"多一盎司"。但其结果，所取得的成就及成就的实质内容方面，却经常有天壤之别。

生活中有一条颠扑不破的真理，不管是最伟大的人，还是最普通的老百姓，都要遵循这一准则。它就是，在充分考虑到自己的能力和外部条件的前提下，进行各种尝试，找到最适合自己做的工作，然后集中精力、全力以赴地做下去。

要想获得成功，仅仅尽力而为还不够，还必须全力以赴。成功偏爱那些全力以赴的人。有一句话说得好："如果付出的比回报得多，最终得到的会比付出的多。"要知道，如果没有激情，不懂得全力以赴，那么"神奇时刻"是永远不会垂青和眷顾你的。

找准目标，有的放矢

防止盲目的唯一方法是认真，只有认真去做，才不会像无头苍蝇一样瞎撞一气，碰得头晕眼花还找不到做事的方法，其结果只能是失败。所以，做事之前要认真谋划，真正做到有的放矢，决不白白浪费功夫。

每一种事情都不是数着自己的手指头那么简单，如果盲目行动，不找准正确的方向，距离成功只会越来越远。相反，找准方向，有的放矢，则会让事情变得容易，更接近于成功。

甘先生现在是一位小有成就的商人，开着私家车，住着小楼房，还拥有相当的资产。但是，三年前他完全不是这样，那时候他整天忧心忡忡，为自己的公司经营不善而绞尽脑汁。短短几年时间，甘先生何以有如此大的变化呢？

原因没有别的，甘先生以前的经营是盲目出击，如今是有的放矢而已。

几年前，甘先生看见服装行业有着非常好的前景，别人都在大把大把地赚钱，于是他也赶紧注册了一个公司，专门经营服装的批发销售。然而甘先生在开公司之前忽略了一点，那就是他自己并不太了解这个行业，更没有对此做过细致地分析，以至于半年下来，甘先生所有的积蓄就已经全部陷入其中，欲罢不能。

甘先生为此成天长吁短叹，心急如焚，可是要让他就此罢手，他又心有不甘，那意味着在短短半年时间，他前边十多年的努力有一半就打了水漂，可是如果不就此收手，该怎么办呢？甘先生看着堆积在店里无人问津的产品，一筹莫展。

偶然的一个机会，甘先生遇见了昔日的大学同学。那位过去在大学里表现平平的同学现在已经有了千万资产，这让甘先生大为惊讶。他没有想到，过去那个看起来毫不起眼、完全看不出能有什么大作为的人，十来年的工夫，竟然获得如此成就，想想自己的窘境，甘先生感叹不已。

在和同学的闲聊当中，甘先生问及那人从事的行业，对方倒也坦然相告，说是生产销售电子产品。甘先生不禁一怔，自己怎么就没有想到这一点呢？大学里学的就是这个，虽然说后来接触的少了，可是相对于一般人来说，自己知道的还是比较多的。和那位同学分手之后，甘先生就开始留意身边的那些电子产品，并不时咨询一下那位同学，经过半年时间的调查研究，甘先生感觉自己找到了正确的方向。

因为以前失败的教训，甘先生现在已经谨慎了很多，他先是亲自去南方那些生产电子产品比较集中的地方，仔细观摩研究，还做了详细的市场调查，最后还找自己的同学帮忙分析，经过综合研究，下定决心，不再做服装，一心做电脑的组装和维修。

半年过后，甘先生把自己的店铺扩张了三倍，一年以后，甘先生在外地开设了分店……

甘先生如今谈起这几年的经历，颇有几分感慨，他说："如果当初还是那么盲目，看见别人做什么自己也做什么，那么很可能到今天已经破产了。之所以能够有今天的这点成绩，完全是因为找准了目标，有的放矢。"

　　每一个办事的人都应该谨记的，在做事的过程中很关键的一点就是不能盲目，应该抓住目标，有的放矢，这样才能接近自己的目标。

勿因事小而不为

　　一个做事出色的人，从来不因为小事而懈怠，他们会把做好小事看成是一种磨炼。勿因小事而不为。眼前的小事正是将来大成绩的基石。大成功都是由小成功积累而来的。

　　如果你好高骛远，那就犯了一个大错误。你以为可以不经过程而直奔终点，不从卑俗而直达高雅，舍弃细小而直达广大，跳过近前而直达远方。你心性高傲、目标远大固然不错，但目标好像靶子，必须在你的有效射程之内才有意义。如果目标太偏离实际，反而无益于你的进步。同时，有了目标，还要为目标付出努力，如果空怀大志，而不愿为理想的实现付出辛勤劳动，那"理想"永远只能是空中楼阁，一文不值的东西。

　　被评为湖南省十大杰出青年农民的刘九生，是靠做木梳起家的。刘九生高中毕业时正赶上父亲因不慎失足而摔成了残疾，他为了照顾家庭，放弃了高考回到家里，整日过着"面朝黄土背朝天"的生活。年轻气盛的刘九生不安心这种一潭死水般的生活，梦想着有朝一日自己能够发家致富，创一番大事业。为此，刘九生曾做过多种生意，但总不能成功。刘九生的父亲有一手做木梳的手艺，劝他做木梳，可刘九生认为一个大男人，靠做小木梳有什么出息，不愿意学。

有一天，刘九生正坐在墙角叹气时，父亲走过来，心平气和地对他说："孩子，是我对不起你，耽误了你考大学。但三百六十行，行行出状元。如果你能把木梳做好，也可以发财啊，你如果愿意学，我明天就教你。要从小事做起，才能有大的成功。"

第二天，刘九生就跟父亲学起了做木梳。他专心致志地学，几天就学会了，但每天只能做几把木梳，他们家住的地方比较偏僻，拿到集市上去卖，价格很低，慢慢的刘九生有点灰心了。

但有一天，他到城里办事，发现城里一把木梳比家乡集市上要贵几毛钱，于是，他便挨家挨户去收购木梳，做起了木梳的批发生意。他很快就赚了五六万元钱，看到村里人手工做木梳靠的是传统的方法，生产速度慢，有时货源还短缺，他萌生了办一个木梳厂的想法。

厂子建起来了，他又四处寻找销路，1993年12月的一天，刘九生突然接到衡阳市一家公司老总打来的电话，说想订一些货经销，但不知木梳质量好坏，刘九生放下电话，一看手表，已经下午三点多钟了，如公共汽车不晚点，今天还来得及把梳子送到那家公司……当刘九生走进这家单位时，正好碰上这家公司的员工下班，他的心猛地一沉，以为老总可能早就下班了！

正当他有点灰心丧气时，忽然发现一个夹着公文包的人从公司走了出来，他怀着碰碰运气的心情上前去问道："请问××经理的办公室在哪里？没想到那个人就是那位老总。他看到刘九生如此勤勉，十分感动，紧紧握住刘九生的手说："小伙子，你的精神感动了我，我相信你的梳子质量也是最好的。"这一笔生

意，给刘九生带来了两万元的利润，刘九生就是这样，从小事做起，凭着用心和刻苦，走上了事业成功的道路。现在刘九生的"天天见"公司一跃成为全国最大的木梳生产企业之一，产品远销东南亚各国，公司总资产已达到三千万元。刘九生的经历告诉大家，要成功首先要从小事做起，一点一滴去积累，许多人追求快捷的成功方式，终其一生也一事无成，因为他的精力主要耗损在焦躁的期盼之中，对要做的事情并未真正投入必要的精力，看上去很忙，实际上是"泡沫现象"。

好高骛远者首要的失误在于不切实际，既脱离现实，又脱离自身，总是这也看不惯，那也看不惯。或者以为周围的一切都与他为难，或者不屑于周围的一切，终日牢骚满腹，认为这也不合理，那也有失公允。张三不行，李四也不怎么样，唯有自己出类拔萃，不能正视自身，没有自知之明，是好高骛远者的突出特征。你该掂量自己有多大的本事，有多少能耐，不要沾沾自喜于过去某方面的那一点点成绩，要知道自己有什么缺陷，不要以己之所长去比人之所短。不要心中唯有自己的高大形象，从不患不知人，难患人之不己知。一天又一天，一年复一年，总是有一种怀才不遇、英雄无用武之地的感觉。

脱离了现实便只能生活在虚幻之中，脱离了自身便只能见到一个无限夸大的变形金刚。没有坚实的基础，只有空中楼阁、海市蜃楼，没有确实可行的方案和措施，只有空空洞洞的胡思乱想，这是形成好高骛远者人生悲剧的前奏。

其次，好高骛远者大都是懒汉，害怕吃苦，惧怕困难，情绪懒散，从精神到行动都游游荡荡，好逸恶劳，贪图享受。甚至打心眼里瞧不起那些吃苦耐劳者，认为那是愚蠢。也打心眼里瞧不起每天围绕在身边的那些小事，不屑于做它，这是形成好高骛远者人生悲剧的根本性原因。

"图难于其易，为大于其细。天下难事，必做于易；天下大事，必做于细。是以圣人终不为大，故能成其大。"要想度过人生的危难，战胜人生中的种种挫折，完成天下的难事，要在年轻单纯的时候，觉得为人处世容易和顺利的时候就开始。要想成就高远宏大的事业，实现理想和追求，必须从最细小最微不足道的地方做起，从最卑贱的事情起步。

想成功就从那细小的事情开始做起，一步一个脚印地向前走。如果是连小事都做不好的人，大事也肯定做不好！

精心策划，以小博大

"精工舍"是日本人金太郎创建的制表企业。"欧米茄"也许人们不会陌生，因为有了世界顶尖模特辛迪·克劳复，使人自然想起名表与美女的最佳组合，正所谓豪华阵容。那么名不见经传的日本"精工舍"是不是就此放弃了呢？其实不然，1913年，金太郎制造出了日本的第一块手表——"月桂牌十二型手表"。从那个时候开始，"精工舍"就名声大振，事业蒸蒸日上，突飞猛进。精工集团并没有在荣誉面前止步，而是乘胜追击，制定了三步走的策略：

第一步：抓住机会，敢于向名牌挑战

在一片赞扬声中，精工集团的决策者们开始了他们的"虎山行"计划，向瑞士钟表挑战。他们的理由是：瑞士是世界最著名的钟表王国，瑞士钟表王国的地位是十分坚固的，谁要是能够向他发起进攻，并且取得胜利，谁就可以领先世界潮流。精工集团"明知山有虎，偏向虎山行"，他们悄悄地逼近对手，瞄准机会发起进攻。

机会终于来了！

1960年，国际奥委会决定1964年的奥林匹克运动会在日本的首都东京举行。消息传来，精工集团的决策者和员工都精神振奋，都希望借此机会大展身手——向瑞士手表中的名表"欧米茄"挑战。

说起"欧米茄"可是名声在外：这种表是驰名世界的名牌，曾经独占奥运会计时的鳌头达十七年之久。1964年的日本东京奥运会，"欧米茄"凭着自己的实力和权威，自然不会放弃计时权的。

对此，精工集团走的第一步就是派出一支精悍的考察队。

考察队到了罗马之后发现，整个奥运会简直成了"欧米茄"的展览会。那些对时间要求比较高的项目如短跑、中长跑、马拉松等项目自然是"欧米茄"的天下，而其他的各种项目，也几乎都是在"欧米茄"指针的严密监视下决出胜负的。

可以毫不夸张地说，从各种各样的大小时钟到裁判员手中的秒表，都是"欧米茄"时钟的一统天下。让"精工集团"考察队感到特别惊讶的是，"欧米茄"的产品在国际奥委会官员的心目中具有绝对的权威。

面对这种情况，精工集团的决策者并没有产生退缩之意，而是信心更足了。他们自信：自己的钟表已经具备了与瑞士钟表竞争的能力，但是却远远没有瑞士钟表的知名度。如果不敢与瑞士钟表争高低，就可能永远都只能甘居二流了，如果敢于与瑞士钟表争高低，自己即使败下阵来，也不会有什么损失，反而会因为与世界一流瑞士手表集团进行竞争而名声大振。很多小人物靠骂大人物而出了名，其原因恐怕就在这里。

精工集团经过精心准备，立即写了一份报告。报告明确指出："精工集团"对担任东京奥运会的计时装置充满信心。本集团完全可以提供比目前比赛中使用的更先进的计时设备，为东京奥运会服务。当时精工集团还提出了这样一个口号："让'欧米茄'见鬼去吧!

很快，精工集团就组织了精干的力量，为四年后在东京奥运会上取代"欧米茄"而奋斗。他们当时提出的口号是"制造比罗马奥运会更先进的计时装置"。不管是对内还是对外，这样的口号都是极具号召力和挑战性的。对内来说，在有限的时间之内完成最高水平的产品，无疑是一种巨大的挑战；对外来说，奥运会的官员当然最欢迎最先进的产品进入奥运会。这是需要胆量的，精工集团具有这样的胆量。

不过，"火车不是推的，牛皮不是吹的"，如果拿不出产品来，一切胆量都是于事无补的。过了不久，他们研制出了一款世界级的产品：石英表九五一二型。这种钟表主要用于马拉松等长跑项目，重量只有三公斤，两个干电池可以使用一年，平均日差只有两秒，裁判可以用一只手轻松地提起来。原来用来进行这一

类比赛的钟表都有一部小型卡车那样大，与之相比，的确是鸟枪换炮了。

后来有这样的传说，国际奥委会之所以确定在东京奥运会上用日本生产的计时装置，就是因为石英表九五一二型给他们留下了非常深刻的印象。

1963 年 1 月，精工集团正式向国际奥委会提交了一份文件，希望为东京奥运会提供跑表、大钟等精密计时设备。同年 5 月，国际奥运会正式回答：同意精工集团全面合作。

精工集团取得了具有重要意义的胜利：

精工集团挑战世界钟表霸主瑞士的时代已经到来。时任精工集团总裁的服部正次甚至公开宣布：精工表已经超过了瑞士表，我们打破了瑞士表不可战胜的神话。

在后来举办的东京奥运会上，精工表出尽了风头，大受日本人赞赏，成为了日本的骄傲。

第二步：参加钟表大赛，争取知名度

"欧米茄"在东京奥运会的失利，在瑞士引起了一些震动，但是，这一点浪花就像日内瓦湖面上荡起的一些涟漪，不久就消失了。在瑞士人的心目中，精工表之所以能够在东京奥运会取得一时的胜利，只不过占了一时的天时、地利而已。钟表王国还是瑞士，谁也动摇不了其地位。

可是危机很快就来到了。

事情要从纽沙蒂尔天文台的钟表大赛谈起。

为了提高瑞士的钟表制造水平，提高瑞士钟表在世界上的地位，瑞士的纽沙蒂尔天文台每年举行一次钟表大赛。

1963 年底，精工集团终于取得了到瑞士参加钟表大赛的资格。这是一件很困难的事情。纽沙蒂尔天文台举行钟表大赛虽然历史悠久，但是，都是瑞士钟表互相角逐，外国的钟表向来都是被排除在外的。虽然四年以前瑞士已经向外国产品打开了参加比赛的大门，但是，到那时为止，还没一种外国的产品参加过这种比赛。日本精工集团能够参加比赛，的确是属于破天荒的事件。

　　从实力上而言，精工表在日本是处于绝对优势的，参加国内比赛的意义不大，所以他们及时把注意力投向了瑞士，决定到瑞士去拼一拼。

　　精工表在瑞士的比赛并没有给自己带来什么好消息。在机械表方面，精工表的确是费尽了九牛二虎之力，可是结果还是"大败麦城"，只获得了第一百四十四名。很多钟表行家都认为，有关发条式的钟表，瑞士的确是不可战胜的。

　　可是日本人不服气，精工表的制造者们更不服气。他们下定决心，经过三年的准备，一定要雪耻。

　　1967 年，经过精心准备的精工表参加了纽沙蒂尔天文台的钟表大赛。按照惯例，参赛的厂家要按照规定时间将参赛的钟表当面交给这场国际比赛的组织部门，经过评委会四十五天的检查，就会把参赛厂家钟表的测定结果送给厂家，下一年公布比赛结果。

　　可是，事事难以捉摸，精工集团左等右等，测定的结果就是没有送来。一直到了第二年的春天，精工集团才收到一封从瑞士评委会寄来的信，内容极为简单，大意是：本年度的钟表比赛不公布名次，从下一年起，终止这种比赛。

第七章　从最平凡做出最不平凡的业绩

精工集团对此大惑不解。不久，测定的资料送来了，精工集团的情况如下：石英表取得了第一名、第二名、第三名、第四名、第五名，机械表取得了第四名、第五名、第七名、第八名。很明显，因为精工集团的钟表成绩很突出，瑞士纽沙蒂尔天文台就不公布比赛名次，并且从此取消了这项历史悠久的比赛。

从1860年开始，这项比赛已经进行了一百多年了。为了维护自己的霸主地位，不惜终止这项著名的比赛，可见瑞士方面是何等心虚。

第三，力求大众化，变阳春白雪为下里巴人

精工集团看到这种没有竞争意识的保护主义在作怪，就下决心离开这种比赛。日本的钟表之所以发展到今天，这种胆量起着很重要的作用。否则，恐怕我们现在就不会看到日本强大的钟表实力了。

精工集团的决策者们看到，一块石英表价值只有十美元左右，随时都可以丢弃，而每个月的误差都在十五秒以内。机械表之王的"劳力士"，价值昂贵，而月误差不会少于五百五十秒。两种表进行比较，毫无疑问，石英表占有绝对的竞争优势。

他们因此认为，在未来的一段时间里，石英表一定能够在市场上广流行。

1969年，精工集团把石英电子表投放到世界市场，一时间名声大振。紧接着，他们又推出了显示式的电子表。一句话，精工集团不断推出各种款式的钟表，价格也不断下降。手表成了人们日常生活中的必需品。

精工表大量畅销海外，瑞士的手表处于被动招架的地位。精

工集团因此获得了巨大的利润，使一个名不见经传的"精工舍"在精工人的努力下，一举成为世界钟表行业的霸主。

做好简单事，就是不简单

毫无疑问，每个人都渴望成功。但成功要靠一步步的积累，一个人能否成就卓越，取决于他是否做什么事都力求做到最好，其中自然也包括那些再平凡不过的小事。所以，在工作中，哪怕事情微不足道，你也要认认真真地把它做好。能做到最好，就必须做到最好。

成功与失败之间的差距，并非如大多数人想象的那样是一道巨大的鸿沟。成大事者与未成大事者的区别在于一些小小的行动上：每天花 5 分钟阅读、多打一个电话、表演上多费一点心思、多做一些研究，或在实验室中多做一次实验。这就是说，比别人多努力一点，你就拥有更多的成功机会。

不要小看小事，不要讨厌小事，只要有益于自己的工作和事业，无论什么事情，我们都应该全力以赴。用小事堆砌起来的工作才是真正有质量的工作，细微之处见精神。有做小事的精神，才能产生做大事的气魄。

洛克菲勒是美国石油大亨，他的老搭档克拉克这样说他："他有条不紊和细心认真到了极点，如果有一分钱该归我们，他要拿来；如果少给客户一分钱，他也要客户拿走。"洛克菲勒对数字有着极强的敏感，他常常在算账，以免钱从指缝中悄悄溜走。他

曾给西部一个炼油厂的经理写过一封信，严厉质问："为什么你们提炼一加仑油要花 1 分 8 厘 2 毫，而另一个炼油厂却只需 9 厘 1 毫？"这样的信还有："上个月你厂报告有 1119 个塞子，本月初送给你厂 10000 个。本月份你厂用去 9537 个，却报告现存 1012 个。其他 570 个塞子哪去了？"这样的信据说洛克菲勒写过上千封。他就是这样从书面数字上精确到毫、厘、个，分析出公司的生产经营情况和弊端所在，从而有效地经营着他的石油帝国。

洛克菲勒这种严谨认真的工作作风是年轻时养成的，他 16 岁时初涉商海，是在一家商行当簿记员。他说："我从 16 岁开始参加工作就记收入支出账，记了一辈子。这是一个能知道自己是怎样用掉钱的唯一办法，也是一个人能事先计划怎样用钱的最有效的途径。如果不这样做，钱多半会从你的指缝中溜走。"

如果你想使绩效达到卓越的境界，那么，你今天就可以达到。不过你得从这一刻开始，摒弃对小事无所谓的恶习才行。因为，每个人所做的工作，都是由一件件小事构成的，对小事敷衍应付或轻视懈怠，将影响你最终的工作成绩。但在工作中，那些成绩平庸的人都或多或少沾染上了无视小事的恶习。许多人在接到一项新任务后，首先做的事情是剔除穿插其中的诸多烦琐的细节。他们认为，这些琐碎的细节只会浪费宝贵的时间和有限的精力，结果整项工作由于缺少细节的串联，在衔接上出现了脱轨现象，进而导致工作进度一再受阻，难以高质量地按期完成任务。

只要努力去做，就能战胜一切

"再坚持一下"，是一种不达目的誓不罢休的精神，一种对自己所从事的事业的坚强信念，也是高瞻远瞩的眼光和胸怀。它不是蛮干，不是赌徒的"孤注一掷"，而是在通观全局和预测未来后的明智抉择，它更是一种对人生充满希望的乐观态度。

"世上无难事，只要肯登攀。"世上的事，只要不断努力去做，就能战胜一切，取得成功。但如果停下来不做，那就会和画饼充饥一样，永远达不到目的。

这是个浅显简单的道理，但我们在实际生活中，却常常忘了它。我们常常会有"为山九仞，功亏一篑"的遗憾。成功距我们一步之遥，我们却在这最后的关头放弃努力，让胜利轻易地与我们擦肩而过，我们该是多么懊丧！

有一年高考作文题是一组漫画：一个人挖井找水，挖了几眼井，都没挖到有水的深度就放弃了，有一眼井，只差几锹就可见水了，他又"止之不作"了。到底没有找到水，只得悻悻离去。考生们据画写作文，可批评"浅尝辄止"的不良学风，可讲"不讲科学，盲目打井"的教训，也可检讨"见异思迁，三心二意"的毛病。而我们要借这画说的，就是"成功往往在于再坚持一下的努力之中"。这个观点毛泽东就提出来过，京剧《沙家浜》中，郭建光带领十八个伤病员坚持在芦苇荡中，他鼓励战友的一句台词，就是"胜利往往在再坚持一下的努力之中"！

低
调
不
低
能

平
凡
不
平
庸

　　台湾企业家高清愿当初在经营台湾的统一超市时，连续亏损
六年。但他没有就此放弃，而是坚持走自己的路。终于在调整营
业方针、市民消费能力提高之后，统一超市开始转亏为盈，如今
他的企业稳居台湾便利商店业龙头地位。高清愿的故事告诉我们，
往往是在最困难的时候，最需要"再坚持一下"，这是对自己勇
气和毅力的严峻考验。胆怯的人往往会退缩，而勇敢的人则会经
受住考验，真是："山重水复疑无路，柳暗花明又一村。"而适
时调整，等待时机，也是不可少的。

　　黛比是美国一个普通工人家庭的女孩。她13岁时就依照巧
克力食品包装袋上的制作方法焙制甜饼。结婚后不久，她便想开
一家甜饼专卖店。她拜访了许多精明能干的老板，询问他们的建
议。但他们的意见如出一辙："放弃这念头吧，人们的嘴巴已经
被甜饼塞满啦！"她丈夫倒很支持她，但他也担心会失败。黛比
还是坚持在1977年8月开张了她的"菲尔兹太太甜饼店"。第一天，
她在店里站了一上午，一个甜饼也没卖出去。她丈夫曾和她打赌，
认为她这天下来，绝对赚不到50美元。看来她是输定了。

　　但永不放弃的决心使她坚持了下来。站在店里等不到顾客，
她便将一叠甜饼放在托盘上，在大街上来回奔走，免费赠送。甜
饼免费送完了，黛比便回到店里，继续烘烤甜饼。而这时开始有
顾客上门了。她认出这些顾客就是刚才在街上免费吃甜饼的人。
这天结束时，她点点钞票，足足赚了50美元。到1983年，菲尔
兹甜饼业已有资产3000万美元，共有160家分店，分布在美国
17个州，以及香港、东京、新加坡、悉尼等地。

　　要想成功，就要"作之不止"，绝不能半途而废。当然，方法、

· 304 ·

计划可以调整，但决不要让失败的念头占据了上风。

"轻易放弃，总嫌太早。"记住这句话吧。越是在困难的时候，越要"再坚持一下"。有时，在顺境时，在目标未完全达到时，也要"再坚持一下"，不要因小小的成功就停步不前。

"再坚持一下"，是一种不达目的誓不罢休的精神，一种对自己所从事的事业的坚强信念，也是高瞻远瞩的眼光和胸怀。它不是蛮干，不是赌徒的"孤注一掷"，而是在通观全局和预测未来后的明智抉择，它更是一种对人生充满希望的乐观态度。在山崩地裂的大地震的灾难中，不幸的人们被埋在废墟下，没有食物，没有水，没有亮光，连空气也那么少。一天，两天，三天……还有希望生还吗？有的人丧失了信心，他们很快虚弱下去，不幸地死去，而有些人却不放弃生的希望，坚信外面的人们一定会找到自己，救自己出去。他们坚持着，哪怕是在最后一刻……结果，他们创造了生命的奇迹，他们从死神的手中赢得胜利。

请再坚持一下，当你遇到困境时，当你获得小胜时，当你就要绝望时——坚持就是胜利！

专心只做一件事

一次只专心地做一件事，全身心地投入并积极地希望它成功，这样你的心理上就不会感到精疲力竭。不要让你的思维转到别的事情、别的需要或别的想法上去。专心于你已经决定去做的那个重要项目，放弃其他所有的事。

把你需要做的事想象成是一大排抽屉中的一个小抽屉。你的工作只是一次拉开一个抽屉，令人满意地完成抽屉内的工作，然后将抽屉推回去。不要总想着所有的抽屉，将精力集中于你已经打开的那个抽屉。一旦你把一个抽屉推回去了，就不要再去想它。

了解你的每次任务中所需担负的责任，了解你的极限。如果你把自己弄得精疲力竭和失去控制，那你就是在浪费你的效率、健康和快乐。选择最重要的事先做，把其他的事放在一边。做得少一点，做得好一点，在工作中得到更多的快乐。

为了减轻责任，减少任务，你也许需要同公司里的有关人员或家庭成员进行面对面的坦率交谈和协商。你要有勇气坚持自己的观点，这会使你更有效率，更健康，更快乐。你、你的公司和你的家庭都会从交谈和协商中获益匪浅。

大多数公司都犯一个严重的错误，即分配给公司内辛勤工作的管理人员、经理和专业人员远远超过他们所能担负的工作量，更不用说要求他们把工作做好。就像彼得·德瑞克在几年前指出的那样，他们分配给人们"不可能完成的工作"。然后他们感到疑惑：为什么分配的工作没有完成，为什么公司内部缺乏交流，为什么质量与服务如此差，为什么士气如此之低。职员由于过度工作而变得精疲力竭，既不利于公司，也不利他们自身。不幸的是，随着种种公司合并，公司精简，以及对生产力提出了更高的要求，这样的情况变得越来越普遍了。

为了保证你的效率以及最大限度地做出贡献，你必须学会如何拒绝那些会耗尽你的生产能力的活动和工作。这儿有一种有效的方法：

当斯蒂芬·科维还是一所大学的"公共关系"系主任时，聘用了一位十分有天赋、非常积极主动、很有创造力的秘书。他在斯蒂芬那儿工作了几个月后的某一天，斯蒂芬走进他的办公室，要求他立刻完成几件急于处理的事。

他说："斯蒂芬，我愿意做你要我做的任何事，只是你该瞧瞧我的情况。"

然后他把斯蒂芬带到他的墙板旁，在那上面他列明了他正在从事的 20 多项工作，并写明了操作范围和最后期限，这些都是事先协商好的。

接着他说到："斯蒂芬，你现在要我做的事需要花几天的时间。为了满足你的要求，你愿意推迟或取消哪些原定的项目？"

当然，斯蒂芬不想这么做。他不愿意因为当时特别需要帮助而派他手下最得力的工作人员去做一些并非最适合他的事，就像把楔子插入轮胎中。那些急于想完成的工作是紧迫的，但并不是最重要的。所以斯蒂芬找到另一位处理急事的管理人员，把这份工作交给了他。

为人处世要宽宏大度

在办事过程中，人们时时会产生许多矛盾，发生矛盾后，又没有勇气作自我批评来消除，久而久之，使小的问题变成了大的疙瘩，小的裂痕变成了大的隔阂，伤害了感情，在影响工作的同时在群众中也造成了不好的影响。如何减少诸如此类的矛盾呢？

　　首先，我们要加强在办事过程中的相互沟通，无论是与领导还是与同事，在办事的原则和方法方面都要及时交流意见，得到别人的谅解。

　　由于每个人的个体素质、经历等方面的差异以及分工的不同，在工作和生活中，发生一点误解或摩擦，这是正常的。从一些单位的经验教训看，同事之间产生的许多误会和隔阂，往往是因为一些人对具体情况不太了解，以缺乏及时沟通，或者听信了某些闲言碎语，而个人又心胸狭窄，过于敏感造成的，因此，同事之间讲一些是完全必要的。这样做至少有三点好处：

　　1. 可以减轻自己的精神负担。不因一些小事背上思想包袱，应当心胸开阔，豁达大度。才可以使自己活得轻松、潇洒，有利于心理健康。

　　2. 可以减少与别人的纠纷，维护同事之间的团结。做到像刘少奇说的那样，"对待同志能宽大、容忍和委曲求全，甚至在必要的时候能忍受各种误解和屈辱，而毫无怨恨之心。"这样，同事间就会彼此适应，和睦相处。

　　3. 可以集中精力多干事，人的精力总是有限的，办事人员处在一定的职位上，就要不负重托，努力工作，干出一番事业。如果在小事上用心过度，必然分散精力而影响工作。

　　其次，我们要在办事过程中，降低自己的期望值。实践证明，办一件事如果期望过高，那么对于相对较差的结果就会感到失望，继而产生愤怒。

　　我们知道，由于人们对自己和他人角色地位的认知程度不同及人们的计算方法不同，所以，期望值的这个认知度，有时也很难统一，很难找准并把握。这就需要我们节欲，从情绪指数上加以弥补。

影响人们情绪指数的因素主要有两个：一是实现值；二是期望值。一般说来，当实现值高于期望值时，人们的情绪呈现兴奋状态，情绪指数大于 1。当实现值低于期望值时，人们的情绪呈现出压抑状态，情绪指数就小于 1。由于人们的期望值不同，同样的实现值，就可能出现很大的情绪差异。例如，几个人同样分得一套相同标准的住房，A 由于原先期望值较低，可能感到满足；B 由于原先期望值较高，可能感到失望；C 由于原先期望值过高，可能暴跳如雷等。可见，对上级的期望值适中、合理，还必须辅以节制欲望，以情绪指数大于 1 为基点。这样，才能摆脱自我贪欲的束缚，减少许多自寻的烦恼，在上级关系上想得开。还可以采用"层次期望值"的适调方法，把期望分解成不同层次：高层次的，中层次和低层次。这样，由于有思想准备，即使上级不能满足自己的高层次期望，还有中层次和低层次的，不会太失望。

当然，在办事的过程中，如果产生了矛盾，就应提倡同事之间相互让一点步，相互体谅，这并不是无原则的迁就，对关系重大的原则问题，当然不能一忍了之，得过且过，而应当丁是丁，卯是卯，寸步不让。在无关紧要的一些非原则问题上让一点步，是一种勇于承担责任，严于律己，宽以待人的表现。

第七章　从最平凡做出最不平凡的业绩

发挥自己的潜力

为了成为最好的你自己，最重要的是要发挥自己所有的潜力，追逐最感兴趣和最有激情的事情。当你对某个领域感兴趣时，你会在走路、上课或洗澡时都对它念念不忘，你在该领域内就更容易取得成功。更进一步，如果你对该领域有激情，你就可能为它废寝忘食，连睡觉时想起一个主意，都会跳起来。这时候，你已经不是为了成功而工作，而是为了"享受"而工作了。毫无疑问的，你将会从此得到成功。

相对来说，做自己没有兴趣的事情只会事倍功半，有可能一事无成。即便你靠着资质或才华可以把它做好，你也绝对没有释放出所有的潜力。因此，我不赞同每个学生都追逐最热门的专业，我认为，每个人都应了解自己的兴趣、激情和能力（也就是情商中所说的"自觉"），并在自己热爱的领域里充分发挥自己的潜力。

比尔·盖茨曾说："每天清晨当你醒来的时候，都会为技术进步给人类生活带来的发展和改进而激动不已。"从这句话中，我们可看出他对软件技术的兴趣和激情。1977 年，因为对软件的热爱，比尔·盖茨放弃了数学专业。如果他留在哈佛继续读数学，并成为数学教授，你能想象他的潜力将被压抑到什么程度吗？2002 年，比尔·盖茨在领导微软 25 年后，却又毅然把首席执行官的工作交给了鲍尔默，因为，只有这样他才能投身于他最喜爱的工作——担任首席软件架构师，专注于软件技术的创新。虽然比尔·盖茨曾是一个出色的首席执行官，但当他改任首席软件架构师后，他对公司的技术方向做出了重大贡献，更重要的是，他更有激情、更快乐了，这也鼓舞了所有员工的士气。

比尔·盖茨的好朋友，美国最优秀的投资家，华伦·巴菲特也同样认可激情的重要性。当学生请他指示方向时，他总这么回答："我和你没有什么差别。如果你一定要找一个差别，那可能就是我每天有机会做我最爱的工作。如果你要我给你忠告，这是我能给你的最好忠告了。"

比尔·盖茨和华伦·巴菲特给我们的另一个启示是，他们热爱的并不是庸俗的、一元化的名利，他们的名利是他们的理想和激情带来的。美国一所著名的经管学院曾做过一个调查，结果发现，虽然大多数学生在入学时都想追逐名利，但在拥有最多名利的校友中，有90%是入学时追逐理想、而非追逐名利的人。

微软中国研究院的创立者在刚进入大学时，想从事法律或政治工作。但一年多后他发现自己对它没有兴趣，学习成绩也只在中游。但他爱上了计算机，每天疯狂地编程，很快就引起了老师、同学的重视。终于，在大二的一天，他做了一个重大的决定：放弃此前一年多在全美前三名的哥伦比亚大学法律系已经修成的学分，转入哥伦比亚大学默默无名的计算机系。他告诉自己，人生只有一次，不应浪费在没有快乐、没有成就感的领域。当时也有朋友对他说，改变专业会付出很多代价，但他对他们说，做一个没有激情的工作将付出更大的代价。那一天，他心花怒放、精神振奋，他暗自对自己承诺，大学后三年每一门功课都要拿 A。若不是那天的决定，也许今天他就不会拥有在计算机领域所取得的

成就，而且很可能只是在美国某个小镇上做一个既不成功又不快乐的律师。

即便如此，微软中国研究院的创立者对职业的激情还远不能和他的父亲相比。他从小一直以为父亲是个不苟言笑的人，直到去年见到父亲最喜爱的两个学生（他们现在都是教授），他才知道父亲是多么热爱他的工作。父亲的学生告诉他："李老师见到我们总是眉开眼笑，他为了让我们更喜欢我们的学科，常在我们最喜欢的餐馆讨论。他在我们身上花的时间和金钱，远远超过了他微薄的收入。"微软中国研究院的创立者的父亲是在经过从军、从政、写作等职业后才找到了他的最爱——教学。他过世后，学生在他抽屉里找到他勉励自己的两句话："老牛明知夕阳短，不用扬鞭自奋蹄。"最令人欣慰的是，他在人生的最后一段路上，找到了自己的最爱。

那么，如何寻找兴趣和激情呢？首先，你要把兴趣和才华分开。做自己有才华的事容易出成果，但不要因为自己做得好就认为那是你的兴趣所在。为了找到真正的兴趣和激情，你可以问自己：对于某件事，你是否十分渴望重复它，是否能愉快地、成功地完成它？你过去是不是一直向往它？是否总能很快地学习它？它是否总能让你满足？你是否由衷地从心里（而不只是从脑海里）喜爱它？你的人生中最快乐的事情是不是和它有关？当你这样问自己时，注意不要把你父母的期望、社会的价值观和朋友的影响融入你的答案。

如果你能明确回答上述问题，那你就是幸运的，因为大多数学生在大学四年里都在摸索或悔恨。如果你仍未找到这些问题的答案，那就给你一个建议：给自己最多的机会去接触最多的选择。卡内基·梅隆的博士班有一个机制，允许学生挑选老师。在第一个月里，每个老师都使尽全身解数吸引学生。正因为有了这个机制，微软中国研究院的创立者才幸运地碰到了他的恩师瑞迪教授，选择了他的博士题目"语音识别"。虽然并不是所有学校都有这样的机制，但你完全可以自己去了解不同的学校、专业、课题和老师，然后从中挑选你的兴趣。你也可以通过图书馆、网络、讲座、社团活动、朋友交流、电子邮件等方式寻找兴趣爱好。唯有接触你才能尝试，唯有尝试你才能找到你的最爱。

张亚勤曾经说："那些敢于去尝试的人一定是聪明人。他们不会输，因为他们即使不成功，也能从中学到教训。所以，只有那些不敢尝试的人，才是绝对的失败者。"要尽力开拓自己的视野，不但能从中得到教益，而且也能找到自己的兴趣所在。

善于利用业余时间

科学大师爱因斯坦说过这样一句话："人的差异在于业余时间"。我们总认为，人与人不同，这里面有环境、有机缘、有能力、也有性格的差异。怎么在于"业余时间"呢？业余时间对我们每个人意味着休息和充电。

2000 年 8 月 20 日《新华周末》报道，中国人民大学教授王琪延博士带领他的课题组对全国城市居民的生活时间进行抽样调查发现，我国城市居民一周平均每日工作时间为 5 小时 1 分，个

人生活必需时间 10 小时 42 分，家务劳动时间 2 小时 21 分，闲暇时间 6 小时 6 分。四类活动时间分别占总时间的 21%、44%、10%、25%。每一天，城市人就是这样度过的。十年来，人的闲暇时间增加了 69 分钟，闲暇时间占人生命的 1/3。而我国居民在电视机前每天是 3 小时 38 分，打发掉自己一半的闲暇时光。日本、美国人每天看电视的时间分别为 1 小时 37 分和 2 小时 14 分。

调查结果还显示，本科以上高学历者的终生工作时间是低学历者的 4 倍，收入是其 7 倍以上。学历越高，越重视终生学习，平均日学习时间为 61 分钟。

每个人的业余时间有多少？业余时间如何用？这里大有讲究。当你业余时间比较多时，而且把如此多的业余时间用于打牌、跳舞、闲扯、看电视时，你的收入就像跷跷板，这一头就会低下去。反之收入就会高起来。收入是社会对你的报酬，也是一个人的价值物化形式。当你的收入渐渐趋于牛市或熊市时，你的生活方式和生活内容也就趋于变化，你的理想和追求与人就大大不同了，这时你自觉不自觉地与他人出现了差异。"人的差异在于业余时间"。这也许是爱因斯坦关于人与时间的又一种表述方式，也是一种深刻的耐人寻味的表述方式。

列宁说过，不会休息，就不会工作。现在该赋予它时代的新意了。步入信息化社会，拥抱知识经济时代，也必然地要求我们压缩以至挤占业余时间。市场竞争无孔不入。在业余时间，我们都能嗅到一股知识和金钱的气息。曾被美国《时代周刊》评为全球"数字英雄"的搜狐总裁张朝阳博士说："我就是平凡人，我没有发现自己与别人有什么大的不同。如果说有不同，那就是我

每天平均除了 7 个小时睡觉外，其他时间都在工作（思考）"，

据说，成功地研究了第三种血细胞（现称血小板）及其他成就的加拿大医学教育家奥斯勒，为了从繁忙的工作中挤出时间读书，他为自己定下一个制度，睡觉之前必须读 15 分钟的书。不管忙碌到多晚进卧室，就是清晨两三点钟，他也一定要读 15 分钟的书才入睡。这个制度他整整坚持了半个世纪之久，共读了 8235 万字、1098 本书，医学专家成了文学研究家。奥斯勒赋予业余时间以生命的神奇。

你要显示存在的价值吗？你要与人有所差异吗？那么，用好你的业余时间吧！

要做就比别人做得更完美

应该相信自己的力量和价值，每个人的能量和潜力都是巨大的，除了他自己，任何其他的人都不能将这种力量发掘出来。即使是他自己，也要尽力去做，因为只有在行动之后，才能够发现这种力量。

也许电视上面有许许多多表现平凡的小人物生活的电视剧，或者无数的文章，在描写一种平凡的美丽，但是，这并不能成为我们可以安于现状的借口。

一个平庸的人是与这样的词汇联系在一起的，无独立性，随波逐流，唯唯诺诺等，这绝对不是成功的组成要素。

"我无法忍受平庸与无聊。"何国全在回忆自己的成功经历

时这么说。

这位现任的北京无线立通通信技术公司资深副总裁，兼首席中国代表，善于操作资本，曾经将2. 4亿美金玩弄于股掌之间，被香港总部委以重任，帮助有着美资背景的无线立通在本土一露面，就首先"吃"掉了两家公司。无论是他的这种翻云覆雨的手法和稳健，还是8年换了至少5份工作的记录，何国全呈现出来的，都是他的别样人生……

一生都充满了传奇色彩，不断变换自己的人生轨迹，向更高更新的目标努力。

他生在台湾、长在台湾，学业完成后的第一份工作选在大陆，就连硕士论文都是关于海峡两岸商业管理的内容。

大学原本学的是土木，仅仅因为向往写字楼里IT白领的生活状态，不想"听从一个糊里糊涂的选择"，就彻底转型当起了记者。

好几次，他本可以得到一个安逸的职位，做轻松的工作，赚很丰厚的薪水，但是，他要的不是这样的人生。因为，他觉得这样的生活在今天一眼就可以看见未来。用他自己的话说："我要求我待的地方要有发展前景和机会。如果我现在的位置没有可能成功，或者无聊，我就会离开。"

他把自己的生命浓缩，别人需用一年时间完成的事，他总是企图在几个月内搞定；他无法忍受平庸或无聊，他充满激情、又深思熟虑，他积极主动不安分，同时又谦虚细心。我们可以用很多词语形容他，总之，他成功了。

生活平淡原本并不是一种过错，就好像狂风骤雨、风和日丽，各有各的美感，彼此不同。但是，相比于自然界的变化无穷，人的惰性似乎更强一些，于是，平淡就成了放任自己的借口托辞。

仅仅有一个不甘平庸的意志，就可能焕发起生命的活力。仅仅是一个"昂首迈步"的行动，就可以使我们战胜平庸！生命在于运动，而生命更在于意志。顽强的意志将给我们带来对生命的自信和对平庸的蔑视。

拒绝平庸，因为平庸生活的人，终究过的只是碌碌无为的日子，做一天和尚撞一天钟，不思进取，会让青春美好的时光在蹉跎中流过。平庸地活着，生命没有分量，没有价值，没有意义，只是在虚掷光阴。

拒绝平庸，不要只做梦呓中的懒汉，不要让青春锐意的进取心，在浮华的富贵与平庸的安逸中退化。

拒绝平庸，就是永远不要满足于一种"尚可"的水准，而要不断地改善，追求完美，每一个今天都比昨天做得更好，每一件新的任务都比上一件完成得更出色。只有这样，你才能成为不可或缺的人。

人类永远不能做到完美无缺，但是，在我们不断增强自己的力量、不断提升自己的时候，我们对自己要求的标准会越来越高。这是人类精神的永恒本性。

对于我们来说，顺其自然是平庸无奇的。平庸是你我的最后一条路。当我们可以选择更好的时候，为什么还要选择平庸呢？为什么我们只能重复别人做过的事情？为什么我们不可以超越平庸？

顺其自然是不能带来飞跃的，人类的历史也正是不断超越和挑战的征程。不要总说别人对你的期望值比你对自己的期望值高。

谁都不是完美的，谁都会有失误的时候，你也不需要去找借口，只需要在下一次将它做得更好。

超越平庸，选择完美，这应该是我们一生追求的目标。有无数人因为养成了轻视工作、马马虎虎的习惯，以及对手头工作敷衍了事的态度，终致一生处于社会底层，不能出人头地。敷衍了事永远是理想的摧毁者，它最容易迷失人的双眼，使人丧失前进的力量。

要实现成功的唯一方法，就是在做事的时候，抱着非做不可的决心，要抱着追求尽善尽美的态度。而世界上为人类创立新理想、新标准，扛着进步的大旗，为人类创造幸福的人，就是具有这样素质的人。无论做什么事，如果只是以做到"尚可"就满意了，或是做到半途便停止，那他绝不会成功。

许多青年人抱怨自己的工作平凡乏味，却不知道向上攀登正是建立在尽职尽责地完成每一天工作的基础上。可是，就是在极其平凡的职业中、极其低微的位置上，往往蕴藏着巨大的机会。只要把自己的工作做得比别人更完美、更迅速、更正确、更专注，调动自己全部的智力，从旧事中找出新方法来，就有使自己发挥本领的机会，从而满足心中的愿望，走向成功。

把平凡的事情做得不平凡

命运是每一天生活的积累，小事情是影响大成就的关键。

人们不能掌握命运，却可以规划时间，管理好自己每一天的行为，而所有这一切累积在一起，就构成了一个人的命运。这样看来，每个人都是自己命运的编剧、导演和主角，我们有权利把自己的人生之戏编排得波澜壮阔、华彩四溢，也有责任把自己的人生之戏导演得扣人心弦、落英缤纷，更有义务把自己的人生之戏演绎得与人不同、卓然出众。我们拥有着伟大的权利——选择的权利。

今天你几点起床？今天你怎样安排时间？今天你怎样待人接物？今天你穿什么衣服……每一天的行为都是自己决定的。只要我们知道一个人如何思考，就可以判断他的未来。

行动有行动的结果，不行动也是一种行动，每一个人的命运都存在于他自己的决定之中。我们必须对自己的生命负完全的责任，要让事情改变，先让自己改变；要让生活的外在世界变得更好，就要先让自己的内心世界变得更好。排除任何借口，从现在开始行动，就是对生命的尊重。

平凡不是错误，我们所有的人原本都是平凡的，不平凡的差距是在后来的岁月里形成的。

别抱怨自己平凡的起点，那不是你一生平庸的理由，也不是你没有出类拔萃的根据；平庸的理由可以有千万条，而杰出的原因则只需要那么一丁点儿。梦开始的地方并不是挑选枕头，生命开始的地方可以千姿百态，成功和财富开始的地方需要的只是用心耕耘。

成功或失败都不是一夜之间造成的，平凡的积累就是不平凡，一切伟大的行动和思想，都有一个微不足道的开始。科学家罗素曾说过这样的一句话：从科学意义上来说，人类社会没有天才，成功者也非天才，成功者之所以成功，主要是自信、主动决定了他走向成功。

只要肯用心，任何平凡的人从最平凡的工作中都能做出最不平凡的突破，只要每天用心多一点儿，就可以在许许多多平凡的事业中做出许许多多不平凡的成绩，就可以成长为不平凡的人、出类拔萃的人、富有的人、成功的人、你羡慕和希望成为的人！

平凡的积累就是不平凡

成功或失败都不是一夜之间造成的，平凡的积累就是不平凡，一切伟大的行动和思想，都有一个微不足道的开始。科学家罗素曾说过这样的一句话：从科学意义上来说，人类社会没有天才，成功者也非天才，成功者之所以成功，主要是自信、主动决定了他走向成功。

没有谁真正愿意做一个平庸的人，做一个平庸的员工。若想改变，也只需要一点点，那就是打造自己的"职业个性"，把一个真实的你展现在工作和生活中。

"职业个性"不是对自我先天个性的压抑与改变，而是真实地展现与合理运用。

首先，不必过于掩饰自我，而应在自己的个性、兴趣与职业之间找到平衡，将其融合起来。高尔基有句名言：如果工作是快乐的，那么人生就是乐园；如果工作是强制的，那么人生就是地狱。兴趣、性格等个性特征是一个人在选择职业时首先要考虑的问题。

不同的个性适合于不同的工作，不同的工作需要不同个性的人。一个人的个性会影响到职业的适宜度，具有某些个性的人更适合在某一行业发展。当他从事的职业与其个性相吻合时，就可能发挥出能力，容易做出成就；反之可能导致其原有才能的浪费，或者必须付出更大的努力才能成功。

迫于生存的压力，不少人找工作的第一条件很少会考虑自己的个性和工作相结合。但即使你当前的工作是为生存而做，你也能在现有的工作中找到一些符合自己的个性、兴趣的点，从中体现自我的个性。几乎所有拥有成功事业的人，你会发现他们都是极度热爱自己工作的人。

当然，活得平凡与活得平庸是不同的。活得平凡是指在平平淡淡的生活中尽心尽力地去创造，尽心尽力地去付出，认认真真地去追求，充实自己、完善自己，从而拥有一个美好的、有价值的、有意义的人生。

平凡的生命也许不够辉煌，无法放光，但仍然真心真意，能在平凡的生命中多一点亮丽的色彩。而平庸的人，则碌碌无为，做一天和尚撞一天钟，不思进取，让青春美好的时光在蹉跎岁月中流过。平庸的人给企业带来的损失也是巨大的，他们毫无主动精神，满足于中等的工作成绩，不求有功，但求无过，工作也是马马虎虎，懒懒散散。

可能每个人都会有这样的经历，当你在办公室里的时候，隔壁桌上的电话响了，但是却没有人接，你是否有过那又不是我的事、关我什么事之类的想法，公司有可能会因为这个电话没有被及时接听而受损失，这是我们经常遇到的事情。这一切，给企业带来的损失会使企业的长期发展受到十分恶劣的影响。

事实上，卓越与平庸往往只差一小步。改变只在于平庸的员工需要为自己的工作多那么一点点热情和热爱。现实工作和生活中，人们对待工作和生活往往有两种态度：一种是充满热情，积极参与，大胆尝试，勇于创新；一种是徘徊观望，消极等待，不敢尝试。结果，前一种人在积极参与、大胆尝试的过程中，抓住了各种机会，最后获得了成功。尽管在尝试过程中，他们也会经受挫折和失败，但最终获得成功的几率肯定要远远高过后一种人。因为挫折和失败往往为走向成功提供了必不可少的经验和教训。而后一种人，在消极等待和徘徊观望中，往往失去了很多机会，最终流于平庸。卓越与平庸的差异，不在于天资的高下，也不在于机遇的多少，主要还在于对生活有没有积极参与的热情和勇气。在职场上，每个人的天分，加上专业领域的知识训练，正是员工从平庸跃升到卓越、企业效能大幅提升的关键之一。拒绝平庸，不在温馨的风中驻留，不在美丽的梦幻中沉浸得太久，积极主动地创造机遇，在努力拼搏中不断发展自己，卓越的彼岸就离你不远了。

一个人做着平凡的工作并不是没有出息，在平凡的岗位上平平庸庸地做事，那才是可耻的行为，我们不能拒绝平凡，但是我们却要拒绝平庸。一个人可以平凡地过一辈子，但是却不可以平庸地过一辈子……

只要肯用心，任何卑微的人都能从最平凡的工作中做出最不平凡的成绩，就可以成长为富有的人、成功的人、你羡慕和希望成为的人！面对屈辱，我们要努力把它变成好事。屈辱是一种精神上的压迫，它像一根鞭子，鞭策你鼓足勇气，奋然前行。要懂得痛定思痛，苦中吃苦。有一位智者说："无论怎样学习，都不如他在受到屈辱时学得迅速、深刻、持久。"的确，屈辱能使人学会冷静，学会思考。

第七章　从最平凡做出最不平凡的业绩